Metatemas 42

Metatemas
Libros para pensar la ciencia
Colección dirigida por Jorge Wagensberg

Al cuidado del equipo científico del Museu de la Ciència
de la Fundació "la Caixa"

* Alef, símbolo de los números transfinitos de Cantor

Tusquets Editores

Michael J. Benton, Douglas H. Erwin,
David Jablonski, Erle G. Kauffman,
Kazimierz Kowalski y Ramón Margalef

LA LOGICA DE LAS EXTINCIONES

Edición a cargo de Jordi Agustí

Títulos originales: M. Benton, *Paleontological Data and Identifying Mass Extinctions;* D.H. Erwin, *The Permian Mass Extinction and Its Evolutionary Impact;* D. Jablonski, *Background versus Mass Extinctions;* K. Kowalski, *Pattern of Mammalian Extinction during the Quaternary;* E.G. Kauffman, *The Aftermath Mass Extinction. Predictions for Survival an Recovery in Ancient and Modern Ecosystems*

1.ª edición: febrero 1996

© de la traducción: Oriol Oms, 1996
Diseño de la colección: Clotet-Tusquets
Reservados todos los derechos de esta edición para
Tusquets Editores, S.A. - Iradier 24, bajos - 08017 Barcelona
ISBN: 84-7223-945-4
Depósito legal: B. 710-1996
Fotocomposición: Foinsa - Passatge Gaiolà, 13-15 - 08013 Barcelona
Impreso sobre papel Offset-F. Crudo de Leizarán, S.A. - Guipúzcoa
Libergraf, S.L. - Constitución, 19 - 08014 Barcelona
Impreso en España

Indice

Las jornadas sobre *Dinámica de las extinciones en la biosfera*
tuvieron lugar el 26 y 27 de marzo de 1993 y fueron
coorganizadas por el Instituto de Paleontología
«M. Cusafont» de la Diputación de
Barcelona y el Museo de la
Ciencia de la Fundación
«la Caixa».

La evolución: entre el Edén y el estrés
Jordi Agustí

Siempre desde Darwin, el tema central de cualquier teoría evolutiva ha sido explicar el origen de las especies. Por el contrario, el proceso inverso, es decir, el proceso de desaparición de las especies, sólo recientemente ha empezado a merecer (¡y de qué manera!) la atención de los biólogos evolutivos. De nuevo desde Darwin se creía que la extinción era un proceso gradual pero, sobre todo, puramente pasivo, como el deshojamiento de una margarita, sin incidencia en el proceso evolutivo. Para Darwin, la extinción era simplemente la terminación de un linaje concreto, es decir, un proceso individual y propio de cada especie, ligado en cada caso a causas muy diversas y que impedían la elaboración de una suerte de «teoría de la extinción» paralela a la «teoría de la evolución». Una vez más, el naturalista inglés se situaba en las antípodas de su adversario ideológico, Georges Cuvier: mientras que este último se preocupó fundamentalmente de la extinción masiva de especies, y poco o nada de su origen, Darwin elaboró una teoría sobre el origen de las especies, desdeñando el tema de su extinción.

Sobre esta base, la teoría evolutiva fue madurando a lo largo de décadas con la idea de que la composición de la biosfera era básicamente un efecto de la selección natural actuando sobre las frecuencias génicas y genotípicas. Fruto de esta concepción del proceso evolutivo, se generó durante el siglo XIX y parte del XX, el mito del *progreso evolutivo:* ininterrumpidamente, la selección natural había ido produciendo diseños cada vez más efectivos. Según este modelo, que llega a su más clara formulación teórica con la llamada «ley de

Van Valen o «efecto Reina Roja», existiría una tensión constante entre las especies por la ocupación de los nichos ecológicos. En otras palabras, los organismos y las especies se encontrarían permanentemente sometidos a una situación de estrés. Esta tradición científica se ha visto enriquecida últimamente con el nuevo mito de Gaia, ese planeta bondadoso y compasivo («madre» lo llega a llamar, con ironía, Ramón Margalef) que equilibra los desaguisados que provoca la especie humana.

Pero he aquí que, en 1981, el descubrimiento de un nivel enriquecido en iridio justo en el límite Cretácico-Terciario provocó una conmoción en las ciencias del pasado. ¿Era posible que la Tierra se hubiese visto periódicamente sometida a grandes catástrofes planetarias, como la caída de grandes meteoritos, provocando las grandes extinciones en masa que desde Cuvier los paleontólogos habían invocado? Porque, en ese caso, la evolución difícilmente podría ser ya vista como aquel proceso gradual y progresivo que desde la ameba llevaba hasta el hombre. Por el contrario, la historia de la vida aparecería caracterizada por largos periodos de estabilidad (lo que se traduciría en estasis a nivel evolutivo), bruscamente puntuada por grandes reorganizaciones globales de la biosfera, en las que sería el azar y no la selección natural el que determinaría qué especies supervivientes habrían de repoblar de nuevo el planeta. La imagen del Edén bíblico, con su armoniosa relación entre las distintas especies, bruscamente sacudido por la expulsión o por el diluvio, viene inevitablemente a la cabeza.

La evolución, pues, ¿entre el Edén o el estrés? Probablemente, como acostumbra a suceder en estos casos, la perspectiva correcta deba surgir de una combinación de ambos escenarios. De una parte, habría amplios segmentos del tiempo geológico en los que predominarían los mecanismos de selección natural y extinción individual propuestos por Darwin. La causa fundamental de la extinción sería la propia competencia entre las especies, tal como establece el principio de la Reina Roja. Es lo que se ha llamado «extinción de fondo». A su vez, estas fases se verían cortadas por (relativamente) breves intervalos de tiempo, en los que se producirían amplias extinciones en masa que afectarían a más del 50% de las especies y durante los cuales las reglas del juego evolutivo, como se verá en este volumen, se rompen.

La identidad del asesino

Los procesos de extinción tienen, a nivel cultural, un inevitable componente morboso. El paleontólogo metido en estos menesteres aparece como el detective que trata de desentrañar un crimen cometido hace millones de años. En los últimos tiempos, los medios de comunicación se han visto poblados de imágenes terribles, con meteoritos cuya caída provocaba efectos muy superiores a la explosión de todos los arsenales de la civilización, tremendas erupciones volcánicas o explosiones de supernovas. En un momento dado, los paleontólogos empezaron a ser escuchados en círculos políticos y en organismos como la NASA: ¿Cuándo caerá el próximo meteorito? ¿Cuáles serán sus efectos? Pero frente a esta visión simplista, desde la propia paleontología (más que de los ambientes geofísicos y geoquímicos más propensos al catastrofismo) se abordó un análisis más profundo del problema. Así, aunque nadie duda ya que sucesivas catástrofes de magnitud variable han provocado reorganizaciones masivas de la biosfera, la mayor parte descarta que exista una única causa para todos estos desastres. Existe una amplia diversidad de causas (que no excluye, desde luego, la caída de meteoritos) que se corresponde a un amplio abanico de efectos. Y es aquí donde cobra sentido el título de esta obra: «la lógica de las extinciones». Es decir, ¿es posible llegar a detectar una lógica común a todas las extinciones? A pesar de la diversidad de factores implicados, ¿es posible detectar comportamientos comunes en la biosfera cada vez que se produce una extinción en masa? En otras palabras ¿existen unas «reglas del juego de la extinción»? La cuestión no es banal, ya que si efectivamente estas reglas existen, podemos predecir cuál va a ser el rumbo de la actual extinción en masa (no hay duda de que estamos en una de ellas) y cuánto va a costar recuperar todo lo que ahora se está perdiendo. El lector encontrará algunas respuestas en las páginas que siguen.

Por tanto, y a diferencia de otras reuniones en las que el tema a debate era «meteorito, sí» o «meteorito, no», las discusiones que tuvieron lugar entre el 26 y 27 de marzo de 1993 en el Museo de la Ciencia de Barcelona se centraron más en conocer el estado previo de la víctima y su evolución posterior, que en descubrir el nombre del asesino de turno. En esta línea se situaron, por ejemplo, las intervenciones de Jablonski, Erwin y Margalef.

El tema de la conferencia de David Jablonski contraponía las extinciones en masa frente a la extinción de fondo. De acuerdo con el análisis de las pautas de supervivencia en los moluscos de finales del Cretácico, algunos rasgos que confieren resistencia a la extinción durante los intervalos con extinción de fondo dejan de ser efectivos durante las extinciones en masa. De este modo, grupos que normalmente han sobrevivido durante los tiempos normales pueden perderse en los momentos de crisis biológica global. Esta pauta se observa también en numerosos linajes del final del Paleozoico y en la mayoría de los del final del Cretácico. Tan sólo la existencia de una amplia distribución a nivel de género (independientemente de los rangos geográficos individuales de las especies del mismo) confiere resistencia a la extinción durante una extinción en masa. Una importante conclusión del trabajo de Jablonski es que las extinciones en masa no corresponden a una mera intensificación de los procesos que dan lugar a la extinción de fondo. Este autor utiliza el término «cambio de reglas» o de «normas» para referirse a este hecho, que implica que a los mecanismos normales de selección y adaptación se superponen otros que no están presentes con tanta intensidad en los tiempos normales. Los resultados de Jablonski parecen sugerir que la evolución a niveles jerárquicos superiores, como la selección a nivel de especie, pueden haber jugado un papel decisivo durante las extinciones en masa.

En un contexto similar, Douglas H. Erwin realizó un detallado análisis de la extinción en masa del Pérmico y de su impacto evolutivo. Como es sabido, la del límite Pérmico-Triásico (o, si se quiere, del Paleozoico-Mesozoico) ha sido la extinción en masa más severa de la historia de la Tierra: desaparecieron cerca del 90% de las especies marinas y cerca del 80% de los géneros. Este episodio de extinción parece haber sido mucho más grave en el mar que sobre el continente, aunque igualmente produjo la extinción del 75% de familias de tetrápodos. Algunos de los factores que se han invocado para explicar esta extinción en masa han sido críticamente descartados por Erwin, como, por ejemplo, un supuesto enfriamiento climático basado en datos incorrectos sobre depósitos glaciares de Siberia y Australia. Por su parte, el vulcanismo tampoco puede ser invocado en este caso, ya que los niveles alcanzados, sobre todo en el sur de China, son similares a los que se detectan posteriormente a lo largo del Cretácico y del Cenozoico y que no aparecen asociados a crisis biológicas. Sí que se producen, a lo largo del Pérmico, importantes acumulaciones y estratificación de carbono orgánico en el océano. La súbita recirculación y oxidación de este carbono secuestrado, combinada con cambios en la circulación oceánica, regresión marina y calentamiento global de la atmósfera, podrían haber producido una reducción significativa de hábitats dando lugar al proceso de extinción. En cualquier caso, nos encontramos ante una extinción multicausal, producida por la asociación de varios factores.

También Ramón Margalef, en su intervención, insistió en la importancia que en el pasado han podido tener los procesos de estancamiento y estratificación en los océanos, como factor desencadenante de episodios de extinción masiva. Para Margalef, la mayor parte de extinciones en masa en la historia de la biosfera fueron probablemente de origen endógeno, causadas por la propia evolución del planeta —lo que él llama «la sombra oscura de Gaia»—. El estancamiento y la estratificación de las aguas continentales y de buena parte de los océanos permiten la acumulación de grandes reservorios de CO_2 en las aguas profundas, bajo presión hidrostática. Como una botella de cava, cualquier circunstancia puede hacer saltar el corcho, provocando una súbita «explosión química» del océano y un rápido efecto invernadero a nivel atmosférico.

En cualquier caso, la conclusión obvia a las intervenciones de Jablonski, Erwin y Margalef es que la magnitud de una extinción (y, tal vez, la extinción misma) no depende tanto del agente impactante como de las condiciones previas del planeta. En lenguaje metafórico, diríamos que la magnitud del magnicidio no depende tanto de la malignidad del asesino como de la salud de la víctima.

En una línea algo diferente se sitúa el artículo de Erle G. Kauffman que, aunque dedicado en principio a la recuperación después de las extinciones, constituye una amplia revisión del tema. Kauffman acepta la existencia de un ciclo de extinciones en masa, asociada a la caída de múltiples meteoritos en un corto periodo de tiempo (2-3 millones de años), cada 26-30 millones de años. Un análisis detallado de las cinco mayores extinciones en masa lleva a este autor a reconocer un modelo común de extinción escalonada ligada a intervalos de extraordinarias fluctuaciones en la temperatura, la química y la circulación oceánica y atmosférica. A medida que estas fluctuaciones ambientales superan los niveles que se encuentran durante los periodos normales y se sobrepasa la capacidad de adaptación de los sistemas biológicos, se suceden las extinciones. Estas empiezan y actúan más severamente en aquellos ecosistemas tropicales de clima estable y altas temperaturas, que son los que han dominado el 90 % de la historia de la biosfera.

Después de cada extinción en masa, Kauffman distingue un intervalo de supervivencia y un intervalo de recuperación. Dentro del intervalo de supervivencia, existen tres fases bien diferenciadas: (1) evolución de nuevas formas, en relación con los últimos momentos de estrés provocados por la extinción; (2) primer intervalo de supervivencia, caracterizado por un aumento del tamaño de la población y del área de distribución de las especies supervivientes, seguido de (3) la posterior expansión a otras áreas, fuera de sus refugios. Una vez pasados 500 000 años después de la crisis de extinción, se inicia la fase de recuperación, que consta de dos fases: (1) radiación evolutiva de nuevos linajes a partir de los linajes supervivientes y (2) radiación evolutiva de nuevos grupos dentro de cada nuevo linaje, con el reestablecimiento de las comunidades y de la estructura del ecosistema global. La recuperación de los ecosistemas templados puede haber sido relativamente rápida, pero la de los ecosistemas tropicales, tales como las selvas o los arrecifes, puede requerir entre 3 y 10 millones de años.

Estos datos son no sólo relevantes para la comprensión de los procesos de extinción en el pasado, sino que permiten su extrapolación a la actual crisis ecológica. El ritmo actual de destrucción de biodiversidad es comparable e incluso superior al de las perturbaciones ambientales que produjeron las grandes extinciones en masa (incluida la que acabó con los dinosaurios). En los últimos 12 000 años se ha perdido aproximadamente el 50% de la diversidad global y el desmoronamiento de los ecosistemas tropicales es una realidad predecible para la próxima centuria, en tanto que su recuperación, de acuerdo con los datos de Kauffman, llevará varios millones de años.

En relación con la actual crisis de diversidad, el artículo de Kazimierz Kowalski sobre las extinciones de mamíferos en el Cuaternario pone el acento sobre un episodio que, si bien es difícilmente equiparable a las grandes extinciones en masa del pasado, aporta datos de gran calidad por su proximidad a nosotros y por el nivel de resolución temporal que permite. La extinción del Pleistoceno superior afectó a pequeños y grandes mamíferos pero no tuvo efectos aparentes a nivel oceánico. Además, este episodio tuvo características propias en cada continente. El exceso de caza por parte del hombre prehistórico ha sido repetidamente apuntado por diversos autores como posible causa para estas extinciones. Kowalski no comparte esta idea, ya que éstas no afectaron tan sólo a las presas potenciales del hombre, es decir, los grandes mamíferos, sino que involucraron a pequeños mamíferos como roedores e insectívoros. De nuevo, pues, nos encontramos ante un episodio de extinción complejo, cuyos efectos no son simplemente reducibles al agente iniciador del mismo (la regresión de los glaciares y el aumento de temperatura global).

He dejado adrede para el final el comentario del artículo de Michael J. Benton, que trata de un tema muy distinto a los anteriores, a saber, la naturaleza de la información paleontológica. Aunque algunos lectores lo encontrarán algo más árido, constituye un elemento central de la discusión, por cuanto atañe a aquella información que ha permitido el reconocimiento y análisis de las extinciones en masa. En efecto, más allá de los niveles de iridio y de otras evidencias geoquímicas, un auténtico análisis paleobiológico de las extinciones en masa sólo ha sido posible a partir de la elaboración de grandes bases de datos susceptibles de un tratamiento estadístico apropiado. Con las recopilaciones de Valentine, Sepkowski y el propio Benton, entre otros, se han sentado las bases para el desarrollo de modelos como los propuestos por Jablonski, Kauffman, Raup o Erwin. Pero hay algo más. Y es que, de nuevo desde Darwin, ha existido una desconfianza tradicional hacia el registro fósil por parte de muchos teóricos de la evolución, alegando que éste era claramente incompleto y que poco se podía sacar de él. Por el contrario, diferentes tests llevan a Benton a concluir que, a pesar de que las bases de datos han variado considerablemente desde que se inició este tipo de análisis, las pautas del cambio a nivel macroevolutivo —extinciones y variaciones de la diversidad global— han permanecido sorprendentemente estables. Las conclusiones que se derivan del análisis paleobiológico se mantienen firmes, a pesar del aluvión de datos que han aparecido en los últimos años, y ello permite abordar con una respetable confianza el estudio futuro de los procesos de extinción.

El esquema de las crisis biológicas

Así pues, he aquí alguno de los grandes ejes sobre los que en el futuro podría elaborarse un modelo general de las extinciones en masa:

1. La existencia de una serie de crisis biológicas globales más o menos periódicas es una realidad sustentada por el registro fósil. Las pautas generales del cambio macroevolutivo muestran la existencia de entre cinco y doce grandes extinciones en masa, junto a otras de menor entidad. La extinción se

convierte así en una especie de «enfermedad crónica» del planeta, y su papel en la configuración pasada y actual de la biosfera ha sido determinante.

2. La incidencia de estas extinciones en masa es muy amplia, afectando a todo tipo de ecosistemas, tanto terrestres como marinos, y, en general, a todo tipo de organismos. En toda extinción cabe distinguir una primera fase contingente e impredecible y una segunda fase de recuperación relativamente predecible y determinista.

3. De una parte, existe una componente contingente y catastrófica, que corresponde a la propia extinción en masa. En este intervalo, la evolución toma direcciones que eran imprevisibles antes de la extinción en masa. Los rasgos que conferían resistencia a la extinción en los periodos normales son ahora inoperantes, si se exceptúa la posesión de un amplio rango de distribución geográfica a nivel genérico.

4. Ello es así porque las extinciones en masa corresponden a procesos multicausales, afectados por complejos bucles retroactivos que convulsionan la circulación oceánica y atmosférica. Más que el agente o agentes causales que desencadenan una extinción en masa, son las condiciones globales inmediatamente anteriores al impacto las que condicionan la evolución posterior del sistema.

5. Los ecosistemas tropicales y sus pobladores son la primeras y más sensibles víctimas de las extinciones en masa, y aquellos que tardan más en recuperarse una vez han cesado sus efectos.

6. La recuperación posterior a la extinción es un fenómeno relativamente predecible y determinista, pero muy variable en función de los supervivientes regionales de cada extinción en masa.

Las consecuencias de la extinción en masa
Predicciones para la supervivencia y regeneración en ecosistemas antiguos y modernos

Erle G. Kauffman y P.J. Harries

Introducción

La evolución de la biosfera se ha visto repetidamente interrumpida por grandes crisis ecológicas (extinciones en masa), las cuales han tenido como efecto una gran mortalidad en masa, la pérdida significativa de biomasa y la extinción de más del 50% de las especies del mundo dentro de unos intervalos de tiempo geológicamente cortos (desde meses hasta 3 millones de años, Kauffman 1988a). Se ven principalmente reflejados en el registro geológico de los organismos con partes duras preservables, especialmente organismos marinos con conchas o esqueletos. Se han descrito entre 14 y 18 extinciones en masa durante los últimos 600 millones de años de la historia de la Tierra en los tiempos fanerozoicos (figura 1). Durante los últimos 250 millones de años, estas extinciones en masa tuvieron lugar a intervalos predecibles de 26-30 millones de años (Raup y Sepkoski, 1984, 1986; Sepkoski, 1993) (figura 2), con una notable excepción: la extinción sin par de los últimos 15 000 años, (y especialmente los últimos 200 años), asociada a la destrucción global de hábitats naturales por parte de una única especie con exceso de población: el hombre, *Homo sapiens*.

Las causas propuestas para las extinciones en masa se reparten en dos categorías (tabla 1):

(a) Aquellos mecanismos condicionantes que son intrínsecos a los cambios dinámicos en el planeta Tierra. Por ejemplo: los efectos de enormes explosiones volcánicas, el escape de gases tóxicos y de elementos traza de las grietas del fondo

CAUSAS PROPUESTAS DE LAS
ANTIGUAS EXTINCIONES EN MASA

<u>TERRESTRES</u>	<u>EXTRATERRESTRES</u>
VULCANISMO A GRAN ESCALA	ERUPCIONES SOLARES GIGANTES
GRANDES FUGAS DEL GAS DEL MANTO	PROXIMIDAD DE UNA SUPERNOVA
DESCENSOS RAPIDOS DEL NIVEL DEL MAS > 100 M	ESTRELLAS DE PASO CERCANAS
EPISODIOS DE ANOXIA OCEANICA	DESPLAZAMIENTO A TRAVES DEL PLANO GALACTICO
CAMBIOS RAPIDOS DE TEMPERATURA	
GLACIACION	IMPACTO/S DE METEORITO/S
RADIACION E INVERSIONES DEL CAMPO MAGNETICO	TORMENTAS DE METEORITOS / COMETAS

Tabla 1. Propuesta de las principales causas de las extinciones en masa del pasado. Aunque una sola causa sea posible, la mayoría de las investigaciones sugieren que las extinciones en masa son multicausales e involucran complejos sistemas retroactivos.

oceánico y su ascensión a través de la columna de agua hasta la atmósfera, lluvia ácida generalizada, cambios rápidos de la temperatura de la atmósfera y el océano (especialmente los relacionados con grandes intervalos glaciales), efecto invernadero global o grandes nubes atmosféricas de polvo y gas, pérdida generalizada de oxígeno en los mares (episodios de anoxia oceánica global, o OAE*); y descensos rápidos del nivel global del mar. Algunos de estos fenómenos, especialmente los descensos del nivel del mar y el empobrecimiento en oxígeno de los océanos, están generalmente asociados a extinciones en masa, y pueden ser causas parciales de ellas (Hallam, 1989). Pero, en general, ninguno de los mecanismos condicionantes ligados a la Tierra se correlacionan estadísticamente con las extinciones en masa.

(b) Las causas extraterrestres propuestas como causantes de una extinción en masa incluyen: erupciones solares gigantes y supernovas cercanas, las cuales podrían incrementar en gran medida la insolación sobre la Tierra; trastornos en el clima de

* Del inglés *global oceanic anoxic events. (N. del T.)*

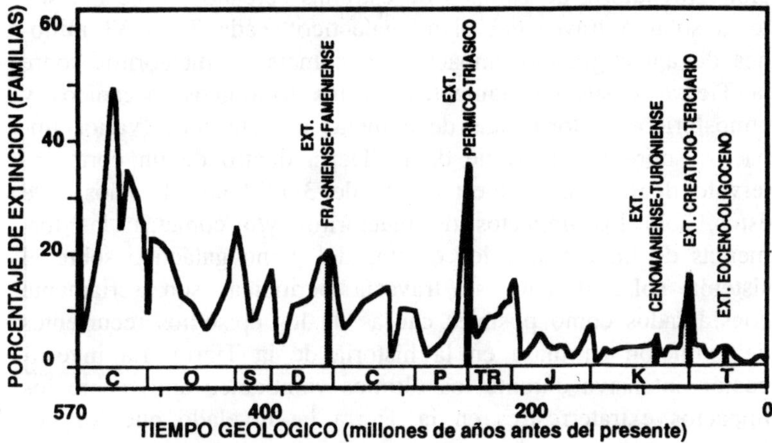

Figura 1. Diagrama que muestra los 18 picos de extinción del Fanerozoico. Los que incluyen líneas verticales sombreadas disponen de los datos más precisos para ser analizados y se tratan específicamente en este trabajo. Figura modificada de Sepkoski, 1993.

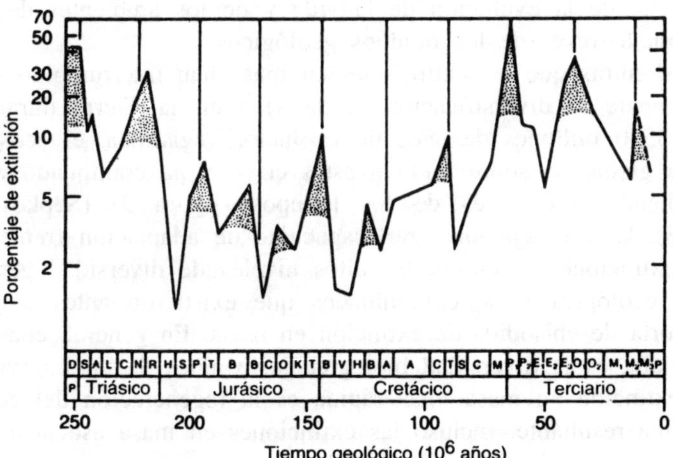

Figura 2. Diagrama con los picos de extinción en masa durante los últimos 250 millones de años, basado en el análisis de Raup y Sepkoski sobre las familias marinas (1984, 1986). Estadísticamente, estos datos definen ciclos de extinción de 26,2 millones de años.

la Tierra, o incluso de su órbita, como resultado de la atracción gravitatoria de campos de estrellas cercanos; viaje del sistema solar a través del plano galáctico* cada 30 o 33 millones de años; grandes impactos de cometas o meteoritos sobre la Tierra, y sus consiguientes efectos tectónicos, oceánicos y atmosféricos; y tormentas de cometas o meteoritos (varios impactos sobre la superficie de la Tierra dentro de un corto intervalo de tiempo, supuestamente de 3 millones de años). De éstos, sólo los impactos de meteoritos y/o cometas, las tormentas de impactos, y los efectos del plano galáctico sobre el sistema solar durante su travesía periódica, son seriamente considerados como posibles causas de los episodios recurrentes de extinción en masa en la historia de la Tierra. La investigación intensiva durante los últimos veinticinco años sobre los impactos extraterrestres en la Tierra ha revelado que los cometas y meteoritos han golpeado frecuentemente nuestro planeta, en proporciones predecibles y con una distribución espacial al azar comparable a los impactos dispersos por el sistema solar (por ejemplo sobre nuestra Luna). Estos episodios extraterrestres son ahora considerados como elemento recurrente de la evolución de la vida y de los ambientes de la Tierra, a través de los tiempos geológicos.

Mientras que las extinciones en masa han interrumpido severamente la diversificación de la vida en la Tierra durante sus 3500 millones de años de evolución registrada, el ecosistema global ha sobrevivido a estas crisis y ha continuado expandiéndose a través de los tiempos (figura 3) (Sepkoski, 1993). Esto refleja una gran capacidad de adaptación frente a las extinciones gracias a los altos niveles de diversidad genética, ecológica y de comunidades que existieron antes de la mayoría de episodios de extinción en masa. En general, cuanto más alta es la diversidad biológica justo antes de un intervalo de extinción en masa, más rápida es la regeneración del ecosistema resultante. Incluso las extinciones en masa asociadas a evidencias de impactos de grandes meteoritos o cometas pue-

---

* Plano hipotético definido por convenio que divide nuestra galaxia en dos mitades más o menos simétricas. (*N. del T.*)

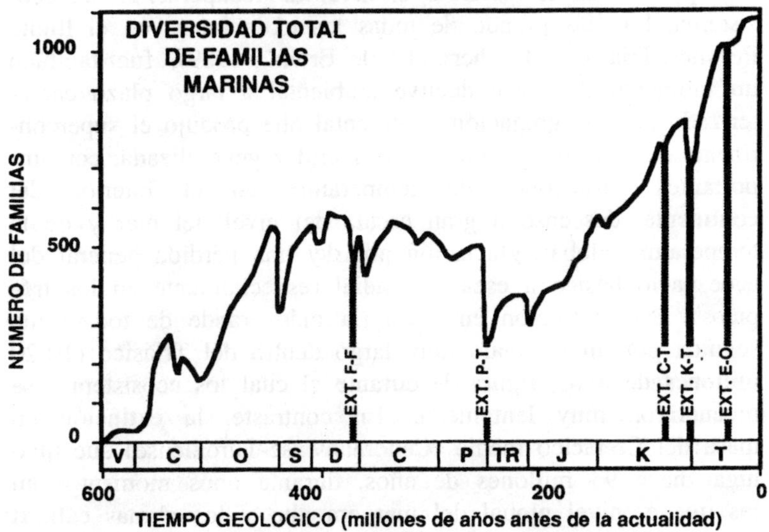

Figura 3. Registro de la diversidad de familias marinas durante los últimos 600 millones de años en la que se aprecia el incremento general de diversidad global a lo largo del tiempo. Las incisiones representan extinciones en masa; las líneas sombreadas verticales son las mejor estudiadas, que se comentan en este trabajo. Las extinciones en masa más severas —Cámbrico (C), final del Ordovícico (O), Devónico superior (D: EXT. F-F), final del Pérmico (P) y final del Cretácico (K)— tienen todas intervalos de recuperación más largos que las extinciones menores. Las extinciones del Cámbrico y final del Pérmico, en particular, presentan una lenta recuperación de los ecosistemas globales después de las crisis bióticas. Clave de los símbolos: EXT. F-F (extinción en masa del Frasniense-Fameniense, Devónico superior); EXT. P-T (extinción en masa del Pérmico-Triásico, la más grande de las registradas); EXT. C-T (extinción en masa del Cenomaniense-Turoniense, Cretácico medio); EXT. K-T (extinción en masa del Cretácico-Terciario); EXT. E-O (extinción en masa del Eoceno-Oligoceno; Terciario). Figura modificada de Sepkoski, 1993.

den presentar una rápida regeneración de ecosistemas básicos, generalmente en el plazo de menos de un millón de años.

Puede existir una relación similar entre el «estado del ambiente global» (estabilidad o inestabilidad ambiental relativa) asociado a un intervalo de extinción en masa, y la gravedad del episodio de extinción o el nivel de recuperación del ecosistema. La más grande de todas las extinciones, en el límite Pérmico-Triásico (Teichert, 1990; Erwin, 1989), fue también un momento de grave declive ambiental a largo plazo caracterizado por la agregación continental que produjo el supercontinente Pangea, dando lugar a una aridez generalizada, con importantes variaciones de temperatura en el interior del continente, descenso a gran escala del nivel del mar y de la temperatura global, glaciación polar y una pérdida general del ecoespacio básico a escala mundial (especialmente en los trópicos). Esta extinción en masa (la más grande de todas) fue seguida por un intervalo muy largo dentro del Triásico (10-20 millones de años; figura 3) durante el cual los ecosistemas se regeneraron muy lentamente. En contraste, la extinción en masa del Cretácico medio (Cenomaniense-Turoniense) que tuvo lugar hace 93 millones de años, durante unos momentos en los que el nivel global del mar era alto y los climas cálidos y uniformes (condiciones consideradas como favorables para una regeneración de la vida debido a su relativa estabilidad), fue seguida de una casi completa recuperación del ecosistema en un espacio de menos de un millón de años (Harries y Kauffman, 1990).

Mientras que estas relaciones generales se pueden romper en los momentos en que se producen graves perturbaciones globales a corto plazo, presentan, de hecho, un poder de predicción y conllevan una dura advertencia a los responsables humanos del cambio global actual y de la pérdida de biodiversidad asociada.

Modelos de extinción en masa

Los efectos a largo plazo del fenómeno de extinción en masa en la biodiversidad global también pueden estar regulados por modelos de extinción. Dentro de un amplio espectro de esquemas de extinción y sus muchas causas, sobresalen tres modelos básicos (Kauffman, 1988a) (figura 4).

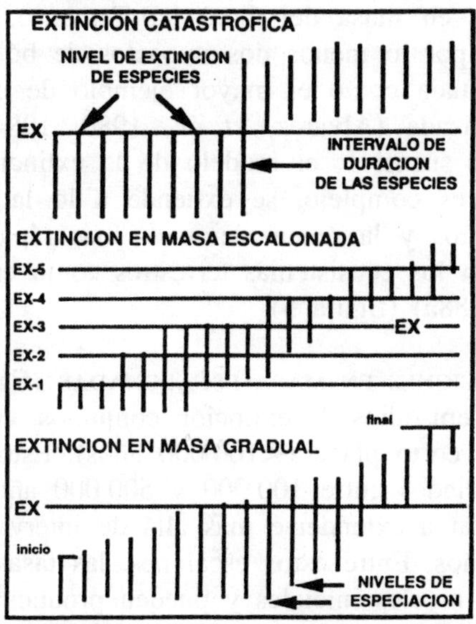

Figura 4. Pautas de los modelos de extinción observados en el registro fósil (modificado de Kauffman, 1988a). La extinción en masa catastrófica está modelizada a partir del nivel de impacto de meteoritos del final del Cretácico. La extinción en masa escalonada, a partir de las extinciones en masa del Devónico superior (Frasniense-Fameniense), Cretácico medio (Cenomaniense-Turoniense) y Eoceno-Oligoceno (Terciario). La extinción en masa gradual, a partir de la crisis biótica del Pérmico-Triásico, tal como se ha documentado actualmente.

LAS EXTINCIONES EN MASA CATASTROFICAS (figura 4), interpretadas como acontecidas en un intervalo de días a centenares de años, están relacionadas con perturbaciones del ambiente global a muy corto plazo, como por ejemplo los impactos de un meteorito o un cometa gigantes. Tales catástrofes afectan simultáneamente a taxones genética y ecológicamente variados y a la mayoría de los ecosistemas globales, a pesar de su ubicación en «estrategias» de supervivencia intrínsecas. Las predicciones de una extinción en masa son que los supervivientes serán pocos, predominantemente generalistas ecológicos (Jablonski, 1986) y especies refugio, y que la regeneración será a largo plazo, abarcando millones de años. La gran extinción en masa del Cretácico-Terciario, asociada con evidencias de por lo menos dos impactos de bólidos cercanos entre sí, es citada como el mayor ejemplo de catástrofe biológica generalizada (Alvarez, *et al.*, 1980, 1984). Tal como veremos en lo sucesivo, el modelo de la extinción del Cretácico-Terciario es complejo, se extiende a lo largo de 2 a 3 millones de años y la regeneración es más rápida de lo predicho, tanto en los ecosistemas terrestres como en los marinos (Kauffman, 1988a) (figura 5).

LAS EXTINCIONES EN MASA ESCALONADAS (figura 4) implican series de episodios de extinción conjuntos, ecológicamente selectivos y a corto plazo (<100 000 años). Estos están generalmente espaciados entre 100 000 y 500 000 años aunque, en conjunto, llegan a extenderse más allá de intervalos de 1 a 3 millones de años. Entre estos escalones, las tasas de extinción vuelven a los niveles iniciales y pueden producirse nuevas especies, así como la regeneración del ecosistema inicial (Kauffman, 1988a).

En ejemplos devónicos y cretácicos bien estudiados, hay una tendencia de los organismos tropicales y subtropicales a verse más afectados por la extinción durante los escalones iniciales, mientras que, más hacia los polos, los grupos templados y ecológicamente más flexibles tienden a verse más afectados durante los escalones de extinción más tardíos (Kauffman,

Figura 5. Compendio de datos de diversos grupos de invertebrados marinos que desaparecen o presentan numerosas bajas entre sus especies en el intervalo de extinción en masa del Cretácico-Terciario (modificado de Kauffman, 1988a). La extensión de las líneas verticales tramadas y/o flechas indica la distribución temporal observada de cada grupo en el registro fósil. La amplitud de cada línea tramada indica la diversidad relativa de especies (no está a escala). Obsérvese cómo, a pesar de que los grandes impactos de meteoritos caracterizan el episodio del límite Cretácico-Terciario produciendo una catástrofe biótica, el intervalo de extinción en masa se extiende a lo largo de 4 millones de años e incluye una serie de episodios discretos o escalones. Uno de los primeros escalones afectó a las biotas de arrecifes tropicales y el último (en el Paleoceno) afectó principalmente a grupos del norte templado.

EXTINCION EN MASA «CATASTROFICA» DEL LIMITE CRETACICO-TERCIARIO EN EL REINO MARINO (modificado de Kauffman, 1988)

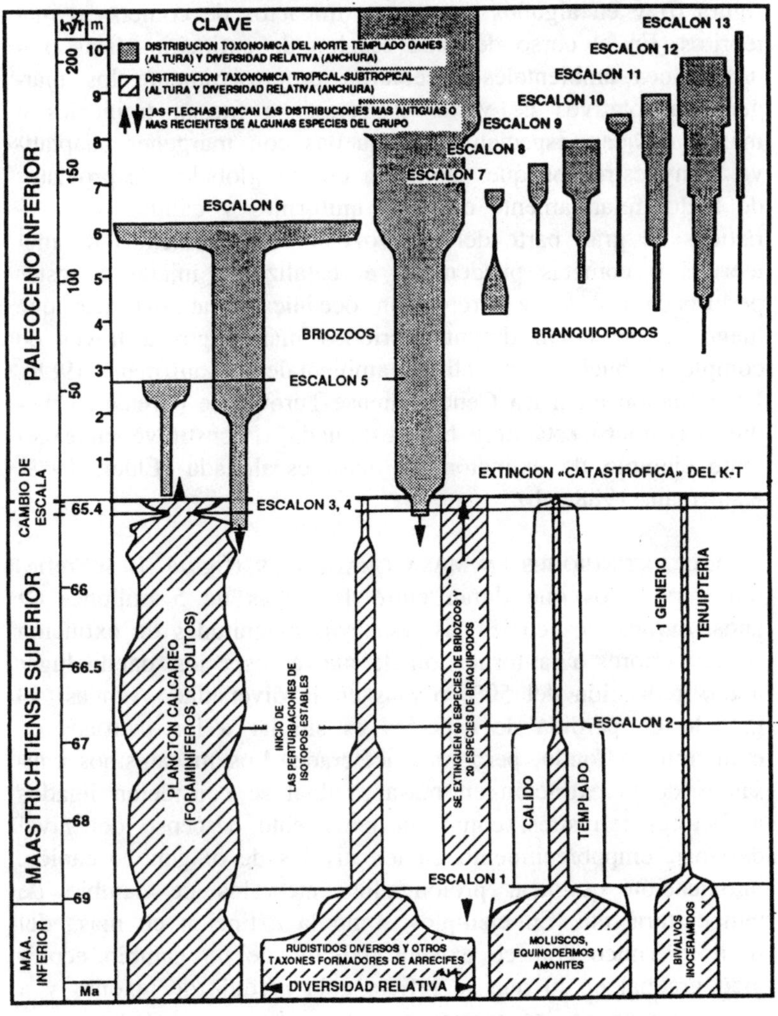

1979, 1988a). Los escalones sucesivos dentro de un solo intervalo de extinción en masa están generalmente asociados a evidencias físicas y geoquímicas de cambios rápidos a gran escala en la circulación oceánica y atmosférica (por ejemplo, figura 6) y en algunos casos, con impactos de cometas o meteoritos. En el curso de cada escalón de extinción, estas perturbaciones ambientales excedieron progresivamente los márgenes adaptativos de varias especies, ya fuesen tropicales o más templadas, especialmente aquellas con márgenes adaptativos muy estrechos que habitaban climas globales desprovistos de hielo, relativamente estables, uniformes y cálidos, característicos de gran parte del Fanerozoico. Las tormentas de meteoritos o cometas pueden ser el catalizador inicial de estas perturbaciones de la circulación oceánica y atmosférica, que luego se perpetúan durante periodos más largos a través de complejos bucles retroactivos ambientales (Kauffman, 1988). La extinción en masa Cenomaniense-Turoniense (Cretácico medio) (figura 6) está muy bien estudiada y constituye un excelente ejemplo de extinción en masa escalonada (Elder, 1989; Kauffman, 1988a, b).

LAS EXTINCIONES EN MASA GRADUALES (figura 4) se refieren a procesos que duran entre 1 y más de 5 millones de años, durante los cuales las tasas y/o magnitudes de extinción son superiores a la formación de nuevas especies, dando lugar a una reducción del 50% o más en la diversidad. Aun así, el modelo de pérdida de especies es similar a los patrones de extinción de fondo, pero más acelerado. Los mecanismos causantes de la extinción en masa gradual se consideran ligados a factores terrestres, como un persistente descenso del nivel del mar, empobrecimiento en los niveles de oxígeno oceánico, intoxicación química, prolongados intervalos de cambio de temperatura, etc. En ejemplos como la extinción en masa del límite Pérmico-Triásico existen indicios de un cambio ecológico gradual en lo que se refiere a la pérdida de taxones y a la sustitución de las formas más tropicales o ecuatoriales por otras más templadas o polares (Teichert, 1990).

Características de los intervalos de extinción en masa bien conocidos

Hasta el momento, de las 14 a 18 extinciones en masa fanerozoicas registradas, sólo cuatro han sido bien estudiadas mediante análisis estratigráficos de alta resolución (escala centimétrica) con datos interdisciplinares de rocas sedimentarias que se extienden no sólo a través del episodio o episodios de extinción, sino también a través de las secuelas de estas crisis biológicas globales. Estas son: (a) la extinción en masa del Devónico superior (Frasniense-Fameniense, F-F) hace 380 Ma; (b) la extinción en masa del Cretácico medio (Cenomaniense-Turoniense, C-T) hace 93,4 Ma; (c) la extinción en masa del Cretácico-Terciario (K-T) hace 65,4 Ma y que marca el final de la era de los dinosaurios; y (d) la extinción en masa del Eoceno-Oligoceno (E-O), hace 36,3 Ma (Figuras 1,2). Actualmente muchas otras extinciones en masa están siendo objeto de intensos estudios, por ejemplo la del límite Precámbrico-Cámbrico, la del Ordovícico superior, la del límite Pérmico-Triásico (la más grande de todas las extinciones en la historia de la Tierra), la del Triásico-Jurásico y la del Mioceno superior.

Las características básicas de estas cuatro extinciones en masa bien conocidas son las siguientes:

1. LA EXTINCION EN MASA DEL FRASNIENSE-FAMENIENSE (DEVONICO SUPERIOR: F-F) (figura 8): El análisis de rocas devónicas de Alemania, Francia, Marruecos, América y Canadá muestra que este intervalo de extinción —la crisis de Kellwasser— se extiende a lo largo de 2,2 millones de años (Walliser, *et al.,* 1988, 1989; Schindler, 1990). Tuvo lugar en un momento en que el nivel global del mar era alto y los climas eran cálidos y uniformes. Este intervalo incluye hasta cinco escalones discretos de extinción, caracterizados sucesivamente por (a) una marcada pérdida de especies y biomasa entre los taxones de conodontos estiliolínidos; (b) la desaparición de arrecifes de corales estromatopóridos; (c) una gran extinción entre las familias de cefalópodos y trilobites; (d) una gran ex-

tinción entre los cefalópodos gefurocerátidos, homocténidos y entomozoides; y (e) la extinción de los últimos homocténidos (ver Schindler, 1990). Dos grandes episodios oceánicos de empobrecimiento en oxígeno, representados por dos intervalos de pizarras negras laminadas* (los horizontes Kellwasser inferior y superior; figura 8), o por una unidad amalgamada de pizarras ricas en materia orgánica y calizas, están asociados con fluctuaciones abruptas y a gran escala de isótopos estables, carbono orgánico y elementos traza, que ilustran un caos ambiental en la circulación oceánica y atmosférica. En Canadá se ha registrado un nivel enriquecido en elementos traza, que incluye iridio, en el límite de la extinción Frasniense-Fameniense, lo que sugiere el impacto de al menos un meteorito o cometa (McLaren, 1989; Goodfellow *et al.*, 1987). Normal-

* Más conocidas por el término inglés *black shales*. Proceden de sedimentos marinos arcillosos, ricos en materia orgánica, laminados, negros y sin fauna bentónica. Se interpretan como depositados en fondos anóxicos *(N. del T.)*

Figura 6. Datos de un modelo escalonado de extinción de especies de moluscos (inocerámidos y otros bivalvos, amonites) y otros macroinvertebrados a través del intervalo de extinción en masa del Cretácico medio (Cenomaniense-Turoniense) en el oeste interior de Norteamérica (según Elder, 1986; Kauffman, 1988a,b). Las líneas verticales dibujan la distribución de las especies observadas en el registro fósil; clave de la alineación de los grupos en la parte alta del diagrama. Los escalones de extinción están designados de X1 a X8. PFX indica el nivel de extinción de grandes foraminíferos planctónicos con quilla. La flechas de la derecha muestran niveles de enriquecimiento abrupto en elementos traza en los océanos del planeta, posible causa de la extinción. Sólo se muestran en detalle los niveles enriquecidos en iridio (Ir), algunos pueden representar impactos de meteoritos. Una gran oscilación positiva de la curva isotópica del C^{13} (izquierda), define un nivel de rápidas fluctuaciones geoquímicas en los océanos del planeta. Las oscilaciones dinámicas de la curva isotópica del O^{18} sugieren cambios térmicos. Estas perturbaciones ambientales rápidas y a gran escala fueron las causas probables de los eventos de extinción, y definen un episodio de desestabilización oceánica (ODE), un episodio de anoxia oceánica (OAE), y un episodio de abrupto descenso de la salinidad en el interior marítimo americano (NADE). Estos tres últimos episodios se representan por líneas verticales gruesas en el gráfico. Este es el ejemplo mejor documentado de extinción escalonada.

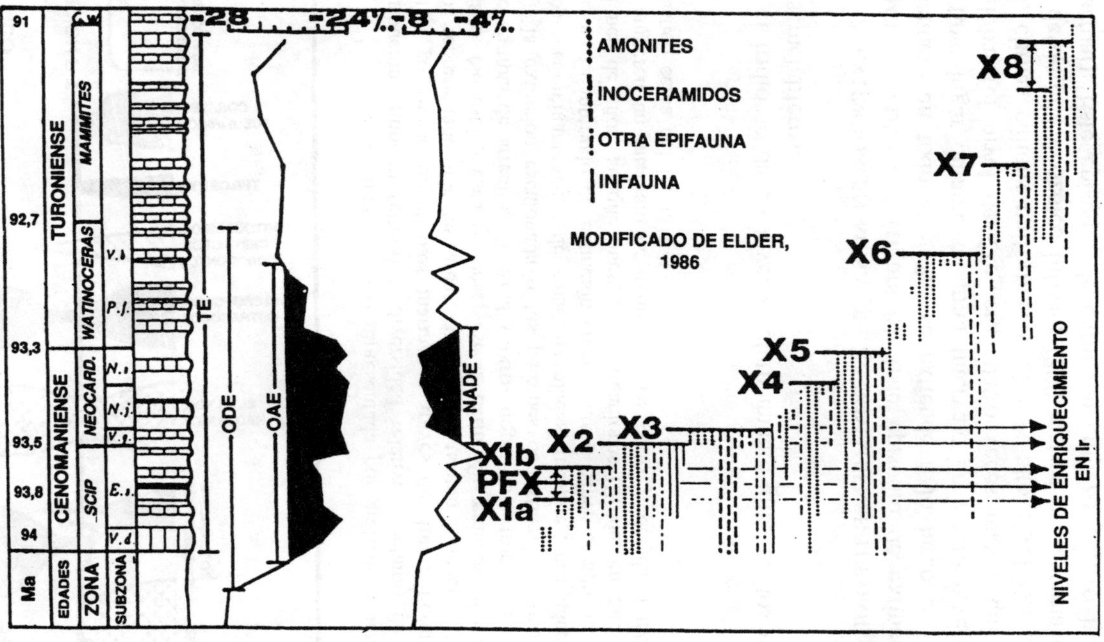

Ma
94
93,8
93,5
93,3
92,7
91
EDADES
CENOMANIENSE
TURONIENSE
ZONA
SCIP
NEOCARD.
WATINOCERAS
MAMMITES
SUBZONA
V.d
E.i
V.s
N.j
N.i
P.f.
V.l
TE
ODE
OAE
NADE
≈28‰
≈24‰
≈8‰
≈4‰
X1b
PFX
X1a
X2
X3
X4
X5
X6
X7
X8
MODIFICADO DE ELDER, 1986
AMONITES
INOCERAMIDOS
OTRA EPIFAUNA
INFAUNA
NIVELES DE ENRIQUECIMIENTO EN Ir

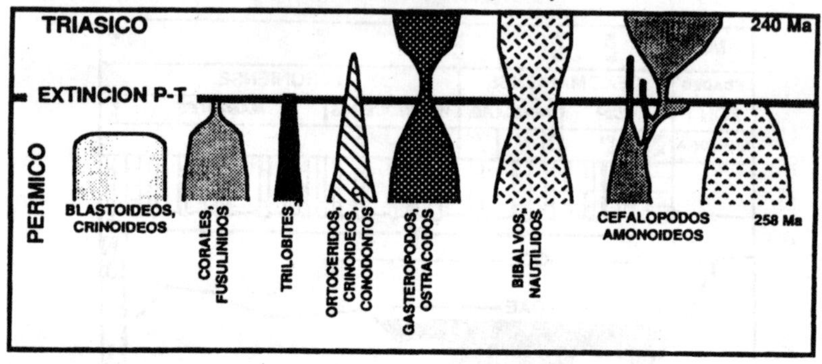

Figura 7. Extinción en masa gradual representada por gráficos generales de distribución temporal (altura) y diversidad relativa (anchura) de los principales grupos de organismos marinos a través del límite Pérmico-Triásico, representado por las áreas con tramas (según Teichert, 1990, modificado. No está a escala). Obsérvese la extinción temprana y relativamente abrupta de arrecifes de coral y otros organismos tropicales (más gradual), la extinción escalonada o los patrones de extinción virtual de moluscos predominantemente de zonas templadas, trilobites, crinoideos y conodontos. El intervalo de extinción entero parece haber durado de 8 a 10 millones de años, aunque nuevas investigaciones (Erwin, en este volumen) sugieren un intervalo de extinción más corto y, de algún modo, más drástico cerca del límite P-T.

mente el iridio se da en niveles relativamente altos en los meteoritos metalíferos.

2. LA EXTINCION EN MASA DEL CENOMANIENSE-TURONIENSE (CRETACICO MEDIO: C-T) (figura 6). Este episodio de extinción documentado en todo el globo se extiende a lo largo de 1,5 Ma y tuvo lugar durante un gran intervalo de efecto invernadero global (el nivel de CO_2 era cuatro veces mayor que el actual), climas cálidos uniformes y el más alto nivel del mar global desde el Paleozoico inferior (300 metros por encima del nivel actual). Este episodio de extinción empezó y tuvo lugar en el marco de un episodio de anoxia oceánica (el episodio Bonarelli) marcado por una expansión global de la zona de

mínimo oxígeno en los océanos del planeta y los mares epicontinentales, un intervalo marcadamente enriquecido en C^{13}, niveles de preservación de carbono orgánico altos aunque rápidamente fluctuantes y oscilaciones rápidas y a gran escala de la curva de O^{18} (Kauffman, 1988a,b y citas allí contenidas) (figura 6). Estas fluctuaciones geoquímicas inusuales reflejan rápidas variaciones a gran escala de los niveles de oxígeno, el ciclo del carbono, la temperatura y/o la salinidad en los océanos del mundo y mares epicontinentales. Una zona de enriquecimiento en elementos traza, asociada con la parte inicial y más severa de este intervalo de extinción, está caracterizada por sucesivos máximos de distinta composición, correlacionados a escala mundial (Orth *et al.,* 1988, 1993). Estos intervalos ricos en elementos traza marcan una abrupta inversión de las aguas oceánicas y migración hacia arriba de metales traza tóxicos (incluyendo iridio) a través de la columna de agua. Estos habrían sido removilizados de los sedimentos de los fondos oceánicos anóxicos como resultado del impacto de un cometa o meteorito en el océano y/o de la desgasificación del fondo marino durante una gran reorganización de las placas tectónicas, asociada con el punto álgido de un gran movimiento convectivo de magma líquido caliente, inyectado justo por debajo de la corteza oceánica en el Pacífico oriental (Larson *et al.,* 1991a,b).

Los niveles de extinción marina alcanzaron del 25% al 30% de los foraminíferos y otras especies planctónicas marinas que vivieron en la parte superior de la columna de agua oceánica, y del 50 al 76% de las especies de moluscos (almejas, caracoles, cefalópodos), que dominaron los fondos marinos cretácicos (Elder, 1989). El registro terrestre es aún escasamente conocido. La extinción empezó de 0,5 a 1 millones de años antes del límite de la extinción principal con la práctica desaparición de los ecosistemas de arrecife tropicales (Johnson y Kauffman, 1990) y prosiguió a través de siete escalones adicionales dentro del Turoniense inferior (figura 6; Kauffman, 1988a,b; Elder, 1989). Los escalones que van del segundo al cuarto (Cenomaniense superior) fueron severos e implicaron las sucesivas pérdidas de foraminíferos planctónicos y moluscos (sobre todo amonites), ambos tropicales, seguidos de una progresiva pérdida de moluscos cosmopolitas de aguas templadas y, finalmente, (pasos 5-7) de invertebrados. En este intervalo los niveles de extinción superaron ampliamente los de formación de nuevas especies, pero entre los escalones de extinción aparecieron algunas nuevas especies y linajes. En general, los escalones de extinción están incluidos en el intervalo de profundas fluctuaciones geoquímicas. Los cinco escalones iniciales se correlacionan exactamente con máximos de enriquecimiento en iridio y otros metales traza y con fluctuaciones de isótopos estables, lo que sugiere una relación de causa-efecto (figura 6; Kauffman, 1988a). El enriquecimiento en iridio puede sugerir una serie de impactos oceánicos, pero no hay evidencias independientes de ello. Entre 1 y 6 millones de años antes del primer escalón de la extinción C-T se formaron tres grandes cráteres de impacto en la superficie terrestre (Montenari, com. pers., 1992; Asaro *et al.,* 1988), lo que sugiere la posibilidad de que una tormenta de meteoritos/cometas fuera el catalizador inicial de grandes desestabilizaciones de la circulación oceánica y atmosférica mediante procesos dinámicos retroactivos.

3. LA EXTINCION EN MASA DEL CRETACICO-TERCIARIO (K-T), (figura 5). Esta es una de las extinciones en masa más famosas y mejor estudiadas de la historia geológica y marca el final de la era de los dinosaurios. Es también la más claramente asociada con el impacto de un cometa o meteorito. En Norteamérica se conocen dos grandes cráteres datados en torno a 65 o 66 millones de años (Alvarez *et al.,* 1992) y se conocen un total de 12 impactos terrestres dentro de un intervalo de 3 millones de años que se extiende a través del límite de la extinción K-T (Dietz, 1992). El límite también está asociado con otras características relacionadas con los impactos, tales como cuarzos de impacto,* microtectitas y un nivel de

---

* Se conocen como cuarzos de impacto los granos de dicho mineral que presentan planos de debilidad causados por una gran presión, como la ejercida por los meteoritos al impactar sobre la superficie terrestre *(N. del T.)*

32

arcilla en el límite. Quizás esta sea la mejor evidencia de una tormenta de cometas/meteoritos en el registro geológico. La extinción tuvo lugar durante un descenso global del nivel del mar, justo antes de otro descenso menor y sin evidencias de un empobrecimiento generalizado del oxígeno en los océanos del planeta. Las temperaturas globales entraban en una fase generalizada de enfriamiento, pero un clima templado y uniforme persistía en gran parte de la Tierra. Los niveles de dióxido de carbono cayeron rápidamente hasta cerca de los niveles actuales. De todas formas, dentro de un margen de medio millón de años en torno al límite Cretácico-Terciario, y especialmente en el mismo límite, los análisis geoquímicos presentan fluctuaciones rápidas y a gran escala en la química y la temperatura oceánicas, ilustrando una desestabilización de la circulación oceánica y atmosférica. Los metales traza, incluyendo el iridio, aumentan justo antes del límite Cretácico-Terciario y se han correlacionado con impactos meteoríticos (Alvarez *et al.*, 1980, 1984). La extinción sigue un modelo más o menos escalonado (figura 5, Kauffman, 1988a), estando asociado el escalón más importante a disrupciones ambientales relacionadas con impactos. La extinción se inicia alrededor de 1 a 1,5 millones de años antes del límite, con una abrupta pérdida de ecosistemas arrecifales y de otros organismos tropicales (Johnson y Kauffman, 1990). Prosigue a través de tres escalones adicionales hacia el límite Cretácico-Terciario (figura 5): (a) una gran extinción de moluscos cosmopolitas de aguas templadas o cálidas unos 0,5 millones de años antes del límite Cretácico-Terciario (una gran extinción de reptiles podría haberse iniciado más o menos al mismo tiempo); (b) una primera y gran sacudida del plancton oceánico, con pérdida de muchos grupos tropicales y subtropicales especializados, a lo largo de 100 000 años dentro del límite y (c) la porción «catastrófica» de la extinción, asociada con el impacto del Cretácico-Terciario, dando lugar a una pérdida entre el 75% y más del 90% de las especies del plancton oceánico calcáreo, la extinción final de varios organismos marinos típicos del Cretácico, la desaparición de los dinosaurios y la pérdida de alrededor del 65% de las especies de plantas terrestres (Wolfe y

Upchurch, 1986, 1987). Los escalones de extinción continuaron a través del Terciario inferior, ya dentro del intervalo de regeneración, lo cual está principalmente documentado entre los invertebrados templados del norte, a lo largo de otros 250 000 años (figura 7: resumida en Kauffman, 1988a).

4. LA EXTINCION EN MASA DEL EOCENO-OLIGOCENO (E-O) (figura 9). Esta extinción se produjo a lo largo de un periodo de 3 a 4 millones de años entre el Eoceno medio y superior. Está asociada a un periodo de grandes fluctuaciones en la temperatura y en la química oceánicas, caída fluctuante del nivel del mar y al menos tres episodios de impactos meteoríticos de cometas, representados por niveles de microtectitas en rocas sedimentarias marinas (Keller, 1986). También se conoce un nivel enriquecido en iridio, y un cráter terrestre asociado. Los escalones de extinción son abruptos, están separados por un lapso de un millón de años y se asocian a la pérdida de entre el 25 y el 52 por ciento del plancton calcáreo que vivía en aquel momento. Los tres intervalos más recientes también van asociados a grandes extinciones de los moluscos de América del Norte, entre el 63 y el 89 por ciento de los bivalvos y entre el 72 y el 97 por ciento de los gasterópodos (Hansen, 1988) (resumido en Kauffman, 1988a). La formación de nuevas especies excedió a la extinción en la mayoría de grupos en los intervalos entre escalones pero, en general, tanto la diversidad de los moluscos como la del plancton decreció a lo largo del proceso de extinción. La extinción en masa del Eoceno-Oligoceno está toda ella incluida dentro de una zona de rápidas fluctuaciones químicas a gran escala que indican grandes disrupciones de la circulación oceánica y atmosférica global. Las microtectitas, fragmentos minúsculos de roca causados por impacto, sólo están asociadas con el tercer escalón de extinción y justo por debajo del cuarto (el más reciente).

Una hipótesis unificadora de las extinciones en masa

Estas cuatro extinciones en masa comparten un determinado número de características, algunas de las cuales son también conocidas en otras fases de extinción en masa todavía en estudio. Estas características compartidas son: (a) los cuatro intervalos citados parecen mostrar un modelo de extinción escalonado; en tres de los ejemplos, las extinciones escalonadas evolucionan gradualmente de ecosistemas más tropicales al principio a ecosistemas más templados al final; (b) todas las extinciones se producen a lo largo de un intervalo de 1,5 a 4 millones de años y no son catastróficas en el sentido estricto del modelo propuesto; (c) cada una está asociada a un intervalo de fluctuaciones geoquímicas a gran escala extraordinariamente rápidas, tal como lo demuestran los análisis isotópicos de azufre, carbono y oxígeno, las curvas de carbono orgánico y los análisis de elementos traza. Estos análisis indican un intervalo de profundas alteraciones de la circulación oceánica y atmosférica a gran escala pero a muy corto plazo, el inicio del cual coincide con los estadios iniciales de extinción; y (d) cada una de estas cuatro extinciones está asociada con evidencias físicas o químicas directas de uno o más impactos de meteoritos y/o cometas sobre la Tierra. Durante estos intervalos de extinción, como sólo del 20 al 25 por ciento de la superficie de la Tierra estaba por encima de las aguas y los impactos se producirían al azar sobre su superficie, el número total de impactos debe de haber sido entre cuatro y cinco veces mayor que los correspondientes a cráteres terrestres, fragmentos, microtectitas e indicadores geoquímicos (especialmente enriquecimiento en iridio). Esto sería igualmente trasladable a los intervalos de extinción normal entre dos extinciones en masa, los cuales estarían caracterizados por tasas de impacto más bajas.

Estas características compartidas por las cuatro extinciones en masa mejor conocidas, y el dato de que fenómenos parecidos están también asociados con algunos otros episodios de extinción no tan bien conocidos, permiten pensar en una hipótesis general para las extinciones en masa que ha de ser previamente desarrollada y posteriormente testada. Los principales elementos de esta hipótesis son los siguientes:

1. En la mayor parte de la historia de la Tierra, las zonas climáticas cálidas y templadas se expandieron enormemente, con una circulación oceánica y atmosférica más uniforme que hoy en día. Los grandes intervalos glaciales son característicos de menos del 10% del tiempo geológico. Los organismos que evolucionaron a lo largo de millones de años dentro de estos sistemas uniformes probablemente tenían, en general, tolerancias ambientales más restringidas que las de hoy en día, siendo en su mayoría muy similares a especies vivientes de tipo tropical y templado-cálido. Estos factores sugieren que durante la mayoría de los tiempos geológicos los organismos, los ecosistemas y los sistemas climáticos estuvieron en una posición más delicada, con interfases ambientales más estrechas que las de nuestro mundo moderno, lo que hacía que fueran más sensibles a las perturbaciones y extinciones de lo que lo son hoy en día. Cambios rápidos relativamente pequeños en factores ambientales clave podrían haber conllevado un amplio colapso del ecosistema y una serie de procesos ambientales retroactivos que iniciaron y perpetuaron la extinción en masa.

2. Los candidatos más probables como agentes desencadenantes de cambios globales o regionales abruptos en los sis-

Figura 8. Modelos de extinción en masa escalonada a través del Devónico superior (límite Frasniense-Fameniense), tal como muestran los resultados de Steinbruch Schmidt, Montañas de Harz, Alemania (modificado de Schindler, 1990). Las líneas oscuras verticales muestran la distribución temporal de los grupos de invertebrados marinos más importantes, indicados en la parte superior. Las expansiones de estas líneas representan tiempos de un máximo de especies o abundancia de la población. Los episodios de extinción son los escalones del 1 al 5. Los dos episodios Kellwasser representan momentos de importantes restricciones de oxígeno y enriquecimiento en elementos traza en los mares devónicos, posibles causas de la extinción. El episodio Kellwasser superior fue el más severo.

EXTINCION EN MASA ESCALONADA DEL FRASNIENSE-FAMENIENSE. RESULTADOS DE STEINBRUCH SCHMIDT, ALEMANIA (Modificado de Schindles, 1990)

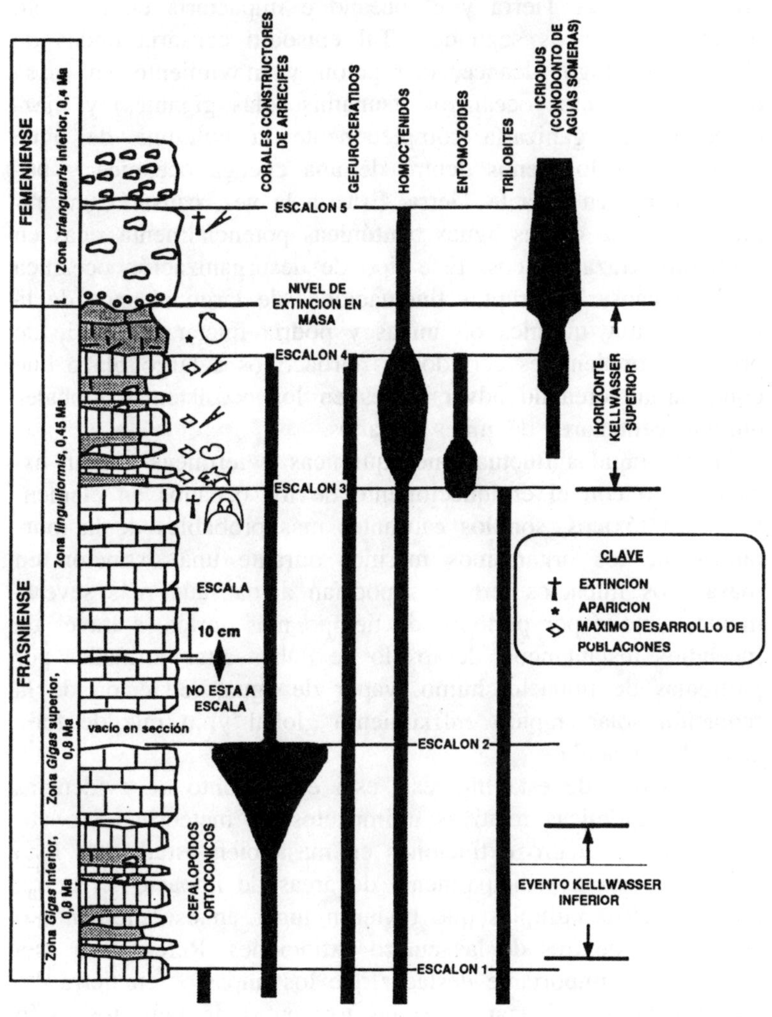

temas ambientales parecen ser los impactos extraterrestres, especialmente en los océanos de todo el mundo. Un sólo cometa o meteorito de menos de 1 kilómetro de diámetro cruzaría la atmósfera de la Tierra y el océano e impactaría en el suelo oceánico en pocos segundos. Tal episodio causaría ondas de choque de largo alcance, disrupción y movimiento en masa de los sedimentos oceánicos, tsunamis (olas gigantes) y mezclaría y desorganizaría completamente la columna de agua oceánica por lo menos dentro de una cuenca oceánica y potencialmente en toda la Tierra. Esto, a la vez, causaría una rápida inversión de las aguas bentónicas potencialmente ricas en elementos traza tóxicos. Este tipo de desorganización oceánica también causaría abruptas fluctuaciones de largo alcance de la temperatura y química oceánicas y podría iniciar una serie de procesos ambientales cerrados y retroactivos a largo plazo que continuarían creando adversidades en los ecosistemas globales durante centenares de miles de años.

Estas rápidas fluctuaciones químicas y térmicas a gran escala, junto con el enriquecimiento de los océanos en elementos traza tóxicos, son los causantes más probables de la mortandad de los organismos marinos durante una extinción en masa. Los impactos terrestres podrían actuar aún más severamente, aunque por periodos de tiempo más cortos, a través de incendios instantáneos, desarrollo de nubes altas formadas por partículas de impacto, humo, vapor de agua, reducción de la radiación solar, rápido enfriamiento global y, a raíz de todo esto, lluvia ácida.

En apoyo de esta hipótesis está el conjunto de evidencias físicas y químicas relativas a impactos de meteoritos y/o cometas en las cuatro extinciones en masa bien estudiadas. Esta evidencia deriva principalmente de áreas de impacto en tierra, con impactos múltiples que tuvieron lugar en ese momento o justo antes de tres de las cuatro extinciones. Referente a esta hipótesis, es importante destacar que los impactos en tierra están distribuidos al azar, pero las tormentas de impactos están agrupadas temporalmente alrededor de intervalos de 30 millones de años que generalmente coinciden con las extinciones en masa. Si nuestro registro fisicoquímico de los impactos alrededor de las extinciones en masa de los límites Frasniense-Fameniense, Cenomaniense-Turoniense, Cretácico-Terciario y Eoceno-Oligoceno está en gran parte afectado por puntos de impacto sobre tierra firme y aguas poco profundas y si la Tierra ha estado cubierta casi en un 80% por el agua durante la mayor parte de su historia, debido a un aumento generalizado del nivel de los océanos, entonces es probable que por cada impacto que podemos detectar física y químicamente en el registro geológico, hubiera por lo menos cuatro o cinco impactos oceánicos adicionales que no hemos detectado con medios convencionales. Nuestra deducción es que las grandes tormentas de meteoritos o cometas estuvieron posiblemente asociadas con tres (y posiblemente más) de estas extinciones en masa, con la mayoría de los impactos (y probablemente los primeros de ellos) localizados en los océanos del planeta. Estos impactos estuvieron en el origen de las abruptas variaciones a gran escala de la temperatura, la química y el reciclado del carbono de los océanos del planeta. Estas fluctuaciones están comúnmente asociadas con episodios de extinción discretos (escalones) y se interpretan como los mecanismos que causaron la muerte de los organismos marinos.

3. Así, en muchos (posiblemente la mayoría) de los intervalos de extinción en masa, las tormentas periódicas de meteoritos y/o cometas produjeron una serie de impactos sobre la Tierra agrupados en un periodo de 1 a 4 millones de años. Del 75 al 80 por ciento de éstos habrían caído en los océanos del planeta. Los impactos teóricos en los intervalos de extinción en masa bien conocidos van de 5 (Devónico superior) a 60 (límite Cretácico-Terciario), dado el número de impactos terrestres conocidos asociados a cada episodio de extinción, y la superficie cubierta por los mares. No obstante, aunque los impactos aislados vayan asociados con perturbaciones significativas y sean más comunes de lo que suponen las hipótesis tradicionales, probablemente no den lugar a la escala de perturbación requerida para forzar una extinción en masa; para ello se requieren impactos múltiples. Hay una gran probabilidad de que los primeros impactos de cualquier tormenta de

meteoritos/cometas fueran en el mar. Los primeros impactos oceánicos probablemente iniciaron una serie de perturbaciones físicas, químicas y térmicas en la circulación oceánica y atmosférica. Tales perturbaciones están representadas en las rocas asociadas a la extinción en masa por extraordinarias fluctuaciones en los niveles de carbono, isótopos estables y elementos traza. En la mayoría de los casos, estos intervalos geoquímicamente caóticos se dan a lo largo de extinciones en masa bien conocidas en el registro estratigráfico. Estos episodios continuarían perturbando los ambientes oceánicos mucho después del impacto mediante procesos retroactivos ambientales. Son estas fluctuaciones ambientales abruptas a corto plazo y a gran escala las que causaron la extinción progresiva y escalonada primero de las especies tropicales y después de las de zonas templadas y con mayor tolerancia ambiental, a base de repetidas exposiciones a momentos de gran estrés. Cada escalón de extinción sucesiva coincide estrechamente con una gran desorganización de la circulación oceánica y atmosférica, ilustrando a su vez la existencia de impactos adicionales y los efectos de grandes bucles retractivos a nivel ambiental, relacionados con la perturbación inicial. La longitud de cada intervalo de extinción escalonada probablemente refleja la duración de la tormenta de meteoritos o cometas y también la duración del bucle retroactivo generado por el impacto, antes de la recuperación del ecosistema global. Las catástrofes de extinción a

Figura 9. Compendio de una típica extinción en masa escalonada (de EXT-1 a EXT-4) de foraminíferos marinos (punto 219 del Proyecto de Perforación del Mar Profundo o DSDPS) y moluscos (bivalvos y gasterópodos de la costa del Golfo de los EE.UU.) a través de un intervalo de 5 a 6 millones de años que se extiende a través del límite Eoceno-Oligoceno (modificado de Kauffman, 1988a, y datos de Keller y Hansen en Hut *et al.*, 1986). La variación positiva de los valores isotópicos del O^{18} indica un importante cambio climático (enfriamiento). Las líneas verticales de especies de foraminíferos describen intervalos de tiempo conocidos y las expansiones de estas líneas muestran momentos de mayor abundancia en cada especie. La diversidad de las especies de bivalvos (B) y gasterópodos (G) se representa por los gráficos sombreados de la derecha, junto con el porcentaje de las especies que se van extinguiendo en cada paso, situadas en el extremo derecho.

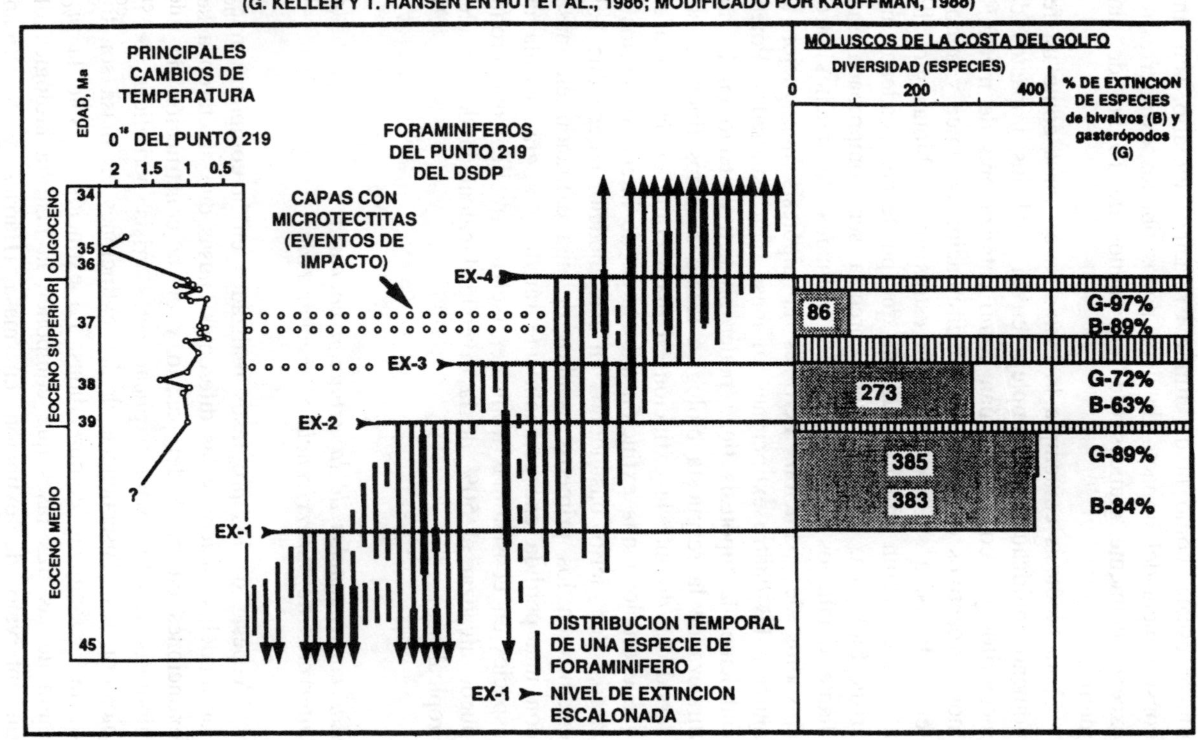

SINTESIS DE LOS EVENTOS DE EXTINCION ESCALONADA DEL EOCENO-OLIGOCENO
(G. KELLER Y T. HANSEN EN HUT ET AL., 1986; MODIFICADO POR KAUFFMAN, 1988)
PRINCIPALES CAMBIOS DE TEMPERATURA
EDAD, Ma
0¹⁸ DEL PUNTO 219
2 1.5 1 0.5
OLIGOCENO
EOCENO SUPERIOR
EOCENO MEDIO
34
35
36
37
38
39
45
?
FORAMINIFEROS DEL PUNTO 219 DEL DSDP
CAPAS CON MICROTECTITAS (EVENTOS DE IMPACTO)
EX-4
EX-3
EX-2
EX-1
DISTRIBUCION TEMPORAL DE UNA ESPECIE DE FORAMINIFERO
EX-1 NIVEL DE EXTINCION ESCALONADA
MOLUSCOS DE LA COSTA DEL GOLFO
DIVERSIDAD (ESPECIES)
0 200 400
% DE EXTINCION DE ESPECIES de bivalvos (B) y gasterópodos (G)
86
273
385
383
G-97%
B-89%
G-72%
B-63%
G-89%
B-84%

mayor escala, como la del límite Cretácico-Terciario, son una consecuencia del impacto de unos pocos objetos extraterrestres excepcionalmente grandes (de 5 a menos de 10 km de diámetro).

Esta hipótesis contempla la extinción en masa como un fenómeno multicausal y complejo en el cual los impactos de meteoritos y/o cometas actúan como catalizadores de mecanismos retroactivos dinámicos en la circulación oceánica y atmosférica. Estos, a su vez, crean un estrés en las biotas globales a lo largo de un amplio gradiente que puede desencadenar una crisis biológica. Esta hipótesis precisa ser comprobada mediante detallados estudios multidisciplinares de muchos otros episodios de extinción. Pero es la hipótesis que mejor se ajusta a las cuatro extinciones en masa bien estudiadas. Potencialmente, la hipótesis tiene poder predictivo, tanto en la naturaleza de la respuesta biológica frente a varios tipos de adversidades durante la extinción en masa como en la forma en que evoluciona una extinción a lo largo de intervalos cortos y largos. Por cierto, basándonos en este modelo, parece que hoy estamos en los primeros estadios de una extinción en masa, con una pérdida excepcionalmente rápida y a gran escala de especies en ecosistemas tropicales (selva, arrecifes) que pronto puede alcanzar el 50% de la diversidad calculada de especies tropicales.

Las consecuencias de la extinción en masa:
intervalos de supervivencia y regeneración

A pesar de los progresos realizados en la comprensión de los modelos básicos y las diferentes causas que afectaron a las extinciones en masa del pasado y en la construcción de una hipótesis testable para explicar estas crisis periódicas de la biosfera, las consecuencias de las extinciones en masa son todavía escasamente comprendidas. La extinción es sólo la primera de las tres fases que componen la historia biológica de un intervalo de extinción en masa (Harries y Kauffman, 1990); le sigue a continuación una fase de supervivencia caracterizada por una expansión de la población de las especies preexistentes que pudieron mantener por lo menos pequeñas poblaciones viables a lo largo del intervalo de extinción. Esta, a su vez, es seguida por una fase de recuperación durante la cual los linajes tanto nuevos como supervivientes sufren una diversificación evolutiva que da lugar a la recomposición de los ecosistemas básicos. Colectivamente, estas dos fases raramente exceden el millón de años de duración excepto en los episodios de extinción en masa más graves; en el caso de los ecosistemas tropicales (por ejemplo, los arrecifes) la fase de recuperación puede durar entre 4 y 10 millones de años. La documentación e interpretación detallada de los intervalos de supervivencia y recuperación que siguen a una extinción en masa son críticos para entender todo el espectro de cambios dinámicos asociados con los procesos de extinción en masa y para desarrollar modelos predictivos para la actual extinción en masa y sus consecuencias.

El intervalo de supervivencia que sigue al último intervalo de extinción en cualquier extinción en masa del pasado es escasamente fosilífero en la mayoría de los casos. Representa un periodo de tiempo relativamente corto, generalmente menos de 250 000 años (Harries y Kauffman, 1990). La escasez de fósiles parece apoyar la idea de que las extinciones en masa diezman ecológica y genéticamente a diversos grupos de un modo general, a pesar de sus estrategias de supervivencia normales, y que sólo las formas más ampliamente adaptadas (generalistas ecológicos) sobreviven a las adversidades ambientales relacionadas con extinciones.

Pero, en contradicción con esta idea, las tasas de diversificación biológica y regeneración ecológica registradas tras las extinciones bien estudiadas son remarcablemente rápidas para todas las comunidades dentro del primer millón de años, excepto para las tropicales (como en el caso, por ejemplo, de los arrecifes). Esta tasa es más rápida de lo que cabría esperar para un cambio evolutivo acelerado de los pocos linajes generalistas supervivientes, grupos que, en general, tienden a evolucionar lentamente. Una explicación simple es que el número y diversidad de linajes evolutivos que sobreviven a una extinción en masa es superior a lo que se había creído, de manera que estos persisten y proporcionan los elementos fundacionales del nuevo curso de la evolución.

En análisis estratigráficos de alta resolución de intervalos de supervivencia de extinciones en masa del Devónico y del Cretácico (véase, por ejemplo, las Figuras 8-9), hasta ahora se han identificado diecisiete estrategias eficaces que han permitido a los linajes sobrevivir a las extinciones en masa (figura 10). Es seguro que existen más. Algunos linajes emplean una estrategia, otros varias. Colectivamente estas estrategias aseguran que una reserva de genes genética y ecológicamente diversos, formando parte probablemente de pequeñas poblaciones aisladas, caracterizará el intervalo de supervivencia que sigue a la extinción en masa y dará lugar rápidamente a las posteriores recuperaciones ecológicas. Las principales estrategias de supervivencia son las siguientes (modificado de Harris y Kauffman, 1990):

1. *Generalistas ecológicos:* especies con amplias tolerancias ambientales y gran resistencia a las adversidades.

2. *Generalistas tróficos:* especies con reservas de alimento aseguradas (por ejemplo, restos orgánicos), lo que hace que tengan un mayor potencial de supervivencia que las especies que dependen de recursos alimentarios especializados que pueden ser eliminados durante una extinción en masa.

3. *Oportunistas:* especies ampliamente adaptadas que producen una descendencia numerosa para asegurar la supervivencia de unos pocos, y que pueden ocupar rápidamente y proliferar en hábitats adversos si encuentran poca competencia biológica.

4. *Especies «desastre»:* especies que están específicamente adaptadas a las condiciones ambientales adversas características de las extinciones en masa, pero que, en condiciones normales, están formadas por poblaciones muy pequeñas.

5. *Pobladores de hábitats protegidos:* especies que normalmente se encuentran en hábitats que, como los océanos profundos, sólo se ven moderadamente afectadas por las adversidades ambientales asociadas a una determinada extinción en masa, manteniendo así un alto potencial de supervivencia.

6. *Emigrantes en tiempos de crisis:* especies que tienen la habilidad de migrar activamente hacia hábitats secundarios más protegidos (por ejemplo, aguas profundas, cuevas) durante las extinciones en masa. Estas especies o sus descendientes evolutivos pueden recolonizar fácilmente sus hábitats preferidos después de la extinción en masa, una vez se normalizan las condiciones en los ambientes globales.

7. *Especies refugiadas:* especies cuya tolerancia ambiental se reduce o puede reducirse a un refugio (por ejemplo, cuevas, surgencias termales o hábitats de mares profundos) protegido de las adversidades ambientales de un intervalo de extinción en masa.

8. *Especies cosmopolitas:* especies con una muy amplia dispersión biogeográfica que tienen un gran potencial de supervivencia porque sus subpoblaciones se pueden dispersar e incluso adaptar a ambientes amplios y diversos que están poco afectados por las adversidades causantes de la extinción en masa.

9. *Mecanismos de supervivencia reproductivos:* dado que los estadios larvales y juveniles de la mayoría de las especies son los más sensibles a los cambios ambientales, hay estrategias reproductivas que pueden proporcionar un mayor potencial de supervivencia, como una descendencia numerosa; episodios reproductivos frecuentes, intervalos muy largos entre la reproducción, protección del crecimiento de los jóvenes, nacimiento de la descendencia completamente desarrollada, hermafroditismo, etcétera.

10. *Estrategias ontogénicas:* se refieren a cambios en la velocidad de desarrollo que incluyen la neotenia (desarrollo limitado del estadio de crecimiento ambientalmente más tolerante) o progénesis (aceleración del desarrollo hacia un estadio adulto ambientalmente más tolerante), como respuesta a adversidades biológicas.

11. *Preadaptación:* hace referencia a especies que tienen adaptaciones específicas a factores ambientales adversos que caracterizaron su hábitats normales, y que también pueden caracterizar los intervalos de extinción en masa.

12. *Letargo:* se refiere a especies cuyo historial biológico

puede incluir largos estadios de descanso o letargo (por ejemplo: semillas, enquistamiento, hibernación, etcétera). El letargo podría proporcionar un gran potencial de supervivencia para mecanismos de extinción a corto plazo.

13. *Tamaño pequeño de población viable:* las especies que tienen un tamaño de población crítico muy pequeño para la supervivencia, la reproducción, y para mantener el flujo de genes, pueden sobrevivir mejor a intervalos de extinción en masa que aquellas que requieren un gran tamaño de población interactiva para perpetuar las especies.

14. *Evolución rápida:* los linajes de especies que tienen la capacidad de experimentar cambios evolutivos muy rápidos, pueden ser capaces de adaptarse a los ambientes rápidamente fluctuantes que caracterizan muchas extinciones en masa, y así sobrevivir a estas adversidades ambientales.

15. *Quimiosimbiosis:* las especies que albergan bacterias quimiosimbióticas en sus tejidos (bacterias capaces de convertir compuestos inorgánicos como el azufre, los sulfuros y el metano en carbono orgánico u otros componentes útiles) tienen un potencial de supervivencia relativamente alto, especialmente durante los periodos con escasos recursos alimentarios y producción química tóxica. La bacteria utiliza compuestos inorgánicos comunes o elementos como recurso básico de energía que es posteriormente aprovechada por el organismo huésped para su supervivencia.

16. *Composición esquelética inerte:* las especies que utilicen un material que no sea el carbonato cálcico (por ejemplo, sílice, fosfatos, proteínas) para la construcción de esqueletos pueden tener un potencial más grande de supervivencia ante aquelllas extinciones en masa caracterizadas, en parte, por rápidos cambios en la temperatura y química oceánicas y/o por la lluvia ácida.

17. *Contingencia:* la «suerte» puede jugar un papel muy importante en la supervivencia, con individuos decisivos o poblaciones de especies que estaban en el lugar oportuno en el momento oportuno para sobrevivir a las principales adversidades ambientales de una extinción en masa.

Muchas de estas estrategias han sido identificadas, o se

pueden inferir, a partir de los supervivientes de antiguas extinciones en masa (Harries y Kauffman, 1990). Estas mismas estrategias también han proporcionado organismos vivientes con un gran potencial de supervivencia. La diversidad de estrategias empleadas en la supervivencia frente a las adversidades ambientales de una extinción en masa puede estar directamente relacionada con la diversidad biológica general antes del episodio de extinción.

Los análisis estratigráficos, paleoambientales y paleobiológicos de alta resolución de los intervalos de supervivencia en las extinciones en masa bien estudiadas revelan tres estadios de supervivencia esquematizados en la figura 11:

(1) Un primer estadio coincide con las fases finales y altamente adversas de una extinción en masa y conllevan la evolución inicial de linajes ancestrales (progenitores) que sobrevivirán y consiguientemente evolucionarán para convertirse en componentes importantes de las biotas supervivientes. (2) La primera parte del intervalo de supervivencia, inmediatamente después del último gran pulso de la extinción en masa, está caracterizado por una expansión de la población entre las especies residentes supervivientes. La expansión de la población entre las especies residentes puede seguir inicialmente un modelo de florecimiento de especies desastre, seguido por la expansión de oportunistas, seguido a su vez por la expansión de poblaciones de los supervivientes ecológicamente más especializados. (3) La fase final de supervivencia dentro de un área está caracterizada por una expansión de la población y una diversificación entre los taxones residentes que ya están resurgiendo y los supervivientes inmigrantes de otras regiones o refugios. Estas son las llamadas «especies Lázaro», que desaparecen del registro fósil durante el intervalo de extinción, para volver sin ningún cambio hacia el final del intervalo de supervivencia o en el intervalo de recuperación. Presumiblemente estas especies Lázaro quedan recluidas en refugios dispersos con niveles de población tan bajos que resulta improbable su preservación o detección en el registro fósil hasta que después de la extinción se expanden de nuevo y su población aumenta (figura 11). En las extinciones en masa mejor

estudiadas, sólo a partir de los primeros 250 000 años se empiezan a detectar los procesos de innovación evolutiva, caracterizados por la aparición de nuevas especies y linajes procedentes de la reserva de supervivientes. A partir de aquí se inicia el *intervalo de recuperación*, caracterizado por una rápida regeneración de las nuevas biotas, desencadenamiento de procesos macroevolutivos y aparición de nuevas estrategias adaptativas (esquematizadas en la figura 11). De hecho, las in-

Figura 10. Modelos de estrategias de supervivencia habituales en las especies de grupos taxonómicos más grandes, que no desaparecen en los episodios de extinción en masa (modificado a partir de Harries y Kauffman, 1990). En cada caso, la anchura del área sombreada representa la abundancia relativa y/o diversidad del grupo. Las líneas continuas o discontinuas entre recuadros representan momentos en que las especies son muy escasas y sobreviven en hábitats apartados (refugios) donde son difíciles de encontrar en el registro fósil. Los modelos con una 'Z' (caso I), representan momentos en que las especies están en un estado de letargo (como una semilla o un quiste). Los generalistas ecológicos (A) están ampliamente adaptados y no son demasiado afectados por las crisis ambientales de extinción en masa. Los oportunistas (B) y las especies desastre (C) prosperan bajo estas condiciones, pero por otro lado, en ecosistemas normales apenas pueden competir. Las especies migratorias (D) y refugio (E) se desplazan hacia, o viven, en hábitats protegidos poco afectados por las crisis ambientales relacionadas con la extinción, como también lo hacen algunas poblaciones de especies ampliamente distribuidas (F). Los supervivientes neoténicos (G) avanzan su madurez reproductora a un estadio de evolución más temprano, asegurando la reproducción y supervivencia durante las crisis ambientales. Las especies preadaptadas (H) ya tienen rasgos inherentes que les permiten sobrevivir selectivamente, con lo cual pueden prosperar durante los cambios ambientales de la extinción y post extinción. Algunas especies tienen estadios de letargo muy prolongados (I) que les permiten sobrevivir a crisis ambientales de corta duración. Las especies que requieren de una población crítica muy pequeña para reproducirse (J) pueden sobrevivir mejor a una extinción en masa que aquellas que requieren un gran tamaño de población. En (K), el linaje es capaz de evolucionar lo suficientemente rápido como para adaptarse continuamente a los ambientes de cambio rápido asociados con la mayoría de las extinciones en masa. En (L), los miembros de una especie, por casualidad, pueden estar en el lugar oportuno y en el momento oportuno para sobrevivir a los episodios de extinción en masa. Otras estrategias de supervivencia menos comunes están debatidas en Kauffman (1990).

48

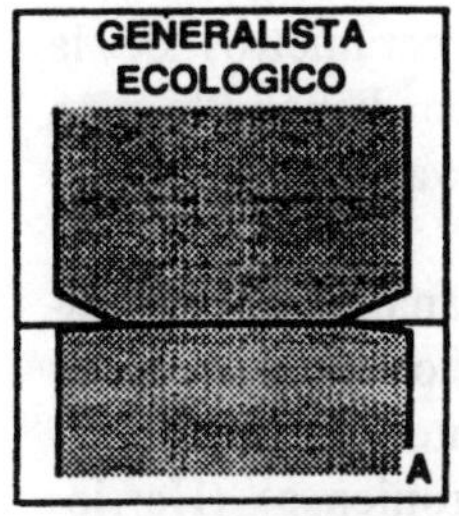

GENERALISTA
ECOLOGICO
A

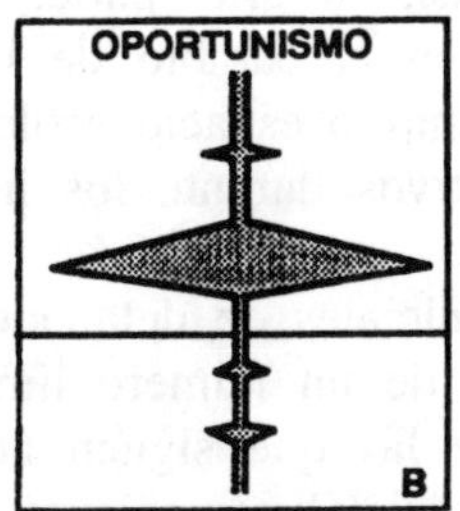

OPORTUNISMO
B

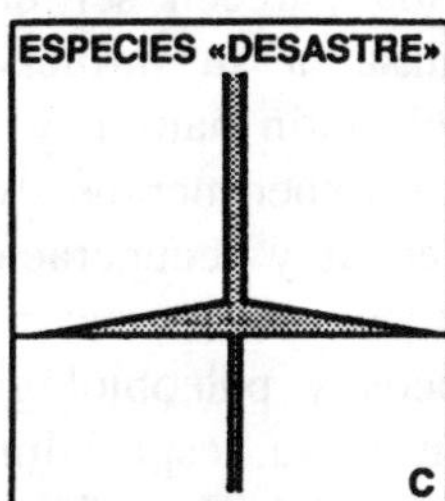

ESPECIES «DESASTRE»
C

MIGRACION HACIA UN
HABITAT
SECUNDARIO
ESPECIE
A
ESPECIE
B
ESPECIE
A
HABITAT
SECUNDARIO
D

ESPECIE REFUGIADA
A LARGO
PLAZO
A CORTO
PLAZO
E

OPORTUNISMO
SUBPOBLACIONES
F

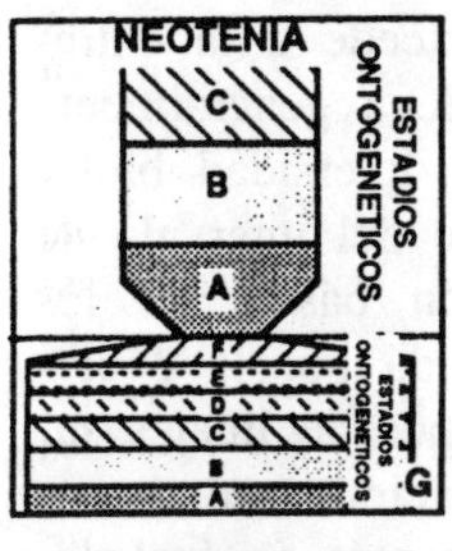

NEOTENIA
ESTADIOS
ONTOGENETICOS
C
B
A
ESTADIOS
ONTOGENETICOS
E
D
C
B
A
G

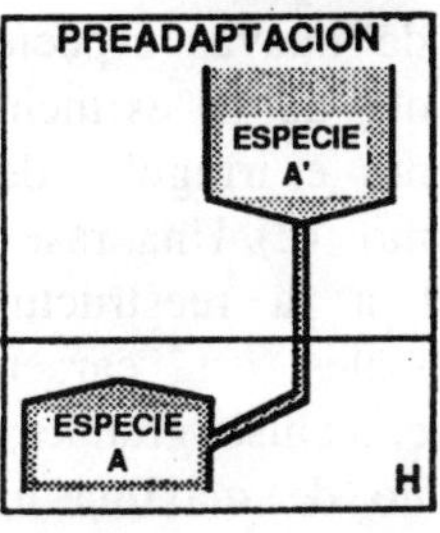

PREADAPTACION
ESPECIE
A'
ESPECIE
A
H

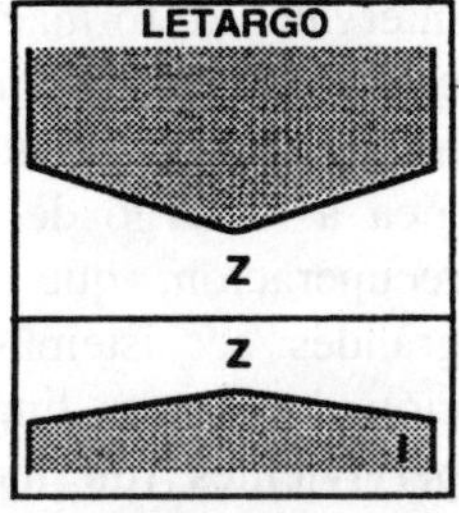

LETARGO
Z
Z
I

TAMAÑO PEQUEÑO DE
POBLACION VIABLE
A LARGO
PLAZO
A CORTO
PLAZO
J

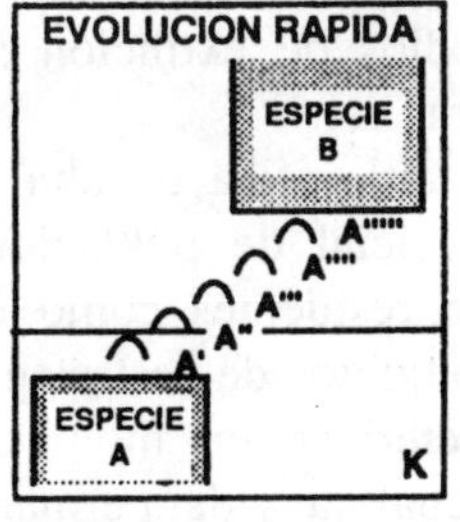

EVOLUCION RAPIDA
ESPECIE
B
A'''''
A''''
A'''
A''
A'
ESPECIE
A
K

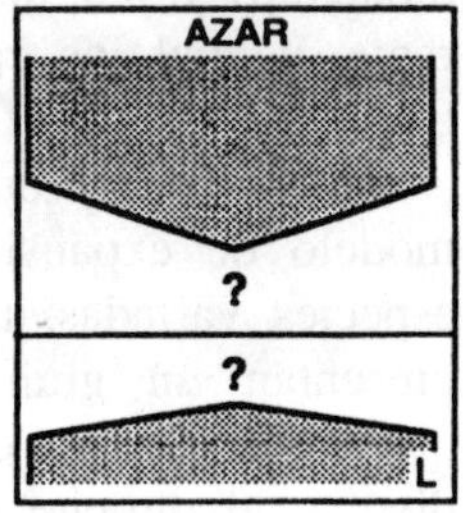

AZAR
?
?
L

novaciones evolutivas más importantes de la historia de la vida parecen ser debidas, en gran parte, a las extinciones en masa, a su influencia en el cambio de los parámetros de la selección natural y al amplio espacio ecológico disponible para los experimentos evolutivos durante los intervalos de supervivencia y recuperación.

Las observaciones iniciales de detallados análisis estratigráficos y paleobiológicos de un número limitado de extinciones en masa, especialmente las que siguen al intervalo de extinción del Cretácico medio (Cenomaniense-Turoniense) (Harries y Kauffman, 1990), sugieren que el intervalo de regeneración puede ser dividido en dos fases discretas (figura 11): (1) Un intervalo inicial de regeneración, normalmente de menos de 500 000 años de duración, caracterizado por la evolución de nuevas especies a partir de los linajes supervivientes y la reaparición continua de especies Lázaro. Este intervalo está marcado por episodios evolutivos puntuales que pueden ser interrumpidos o incluso individualmente suprimidos por episodios de extinción continuos y de más pequeña escala. Dado que en este intervalo la formación de nuevas especies excede a la extinción, el papel permanente de la extinción lleva generalmente hacia un incremento lento e irregular de la diversidad biológica a lo largo del mismo. (2) Una fase final del intervalo de recuperación, que lleva a la reestructuración básica de los grandes ecosistemas globales, está caracterizada por la evolución de nuevos linajes e incluso grandes grupos de linajes supervivientes (un momento de máxima innovación evolutiva o radiación) y por un modelo de diversificación más gradual durante el cual los episodios de extinción juegan un papel relativamente menor (figura 11).

La investigación estratigráfica de alta resolución sugiere un modelo de expansión inicial de poblaciones supervivientes de especies variadas, tanto residentes como inmigrantes. Estas representan un gran conjunto de estrategias de supervivencia que, no obstante, caracterizan un momento de muy baja biodiversidad durante el cual la vida permanece de modo inestable en el planeta. A este intervalo, de hasta 250 000 años de duración, le sucede una fase de rápida aparición de nuevas especies y linajes (macroevolución) y marcada por la aparición de innovaciones evolutivas interrumpidas por continuos episodios o escalones de extinción a pequeña escala. Al final del intervalo de 0,5 a 1 Ma, la mayor parte de los ecosistemas oceánicos y terrestres básicos se han reestructurado, con la notable excepción de los trópicos. Después de una extinción en masa, la regeneración del ecosistema tropical puede tardar millones de años. La mayor parte del tiempo entre el final del intervalo de regeneración y el comienzo de la siguiente extinción en masa, unos 25 millones de años después o más, parece estar caracterizado por la lenta reconstrucción de la diversidad global y la total regeneración de los ecosistemas en niveles semejantes o superiores a los que precedieron a la extinción en masa anterior.

Lecciones para el presente: la actual crisis de la biodiversidad vista desde los modelos paleontológicos

Todo esto nos lleva inevitablemente a una pregunta: ¿Qué será de la historia de la vida en la Tierra y del hombre como especie, si permitimos que el actual incremento exponencial de la población humana, la degradación del ambiente global, la destrucción del hábitat y la pérdida de biodiversidad continúen creciendo? ¿Cuáles serán las consecuencias de la extinción en masa actual?

Las predicciones del registro geológico son alarmantes. Por ejemplo, si la actual tasa de destrucción de las selvas tropicales y los sistemas de arrecifes continúa, llevándoles a una virtual extinción dentro de una o dos centurias, las predicciones del registro geológico son que una media de 4 a 8 millones de años serán necesarios antes de que las comunidades básicas de los arrecifes de coral y selvas tropicales se recuperen. Otros 20 millones de años pasarán antes de que estos ecosistemas alcancen los niveles de biodiversidad previos al impacto humano iniciado sólo 15 000 años antes.

El estudio detallado del registro fósil durante las fases de extinción, supervivencia y recuperación asociados con intervalos de extinción en masa pretéritos nos proporcionan una poderosa herramienta predictiva para entender y reaccionar contra la actual crisis ambiental y de biodiversidad: crea una conciencia y una perspectiva que nunca hemos tenido. Debemos escuchar el pasado.

¿Cuál es la actual situación en la Tierra? ¿Por qué nosotros, como paleontólogos, creemos que una de las mayores extinciones en masa de la historia de la Tierra está en marcha? Examinaremos brevemente algunos problemas correosos y algunos factores desagradables.

Figura 11. Modelo de las tres fases de los episodios de extinción en masa: intervalos de extinción, supervivencia y recuperación del ecosistema global que sigue a las últimas y más severas fases de una extinción en masa (Harries y Kauffman, en manuscrito, 1993), basado en una recopilación de bases de datos de fósiles. Cada línea vertical negra representa una especie hipotética; las líneas verticales delgadas y grises que conectan líneas negras representan intervalos en los cuales los fósiles de las especies no aparecen; las ramas en las líneas negras representan la evolución de nuevas especies; las protuberancias de las líneas negras representan grandes expansiones del tamaño de la población a corto plazo. Las últimas fases de la extinción en masa no sólo están caracterizadas por una pérdida de especies (abajo a la izquierda), sino también por la desaparición temporal de las especies Lázaro, que sobrevivirán en forma de pequeñas poblaciones en hábitats locales protegidos y que luego, cuando las condiciones ambientales se normalizan después del episodio de extinción, vuelven a aparecer. Este intervalo también está caracterizado por los orígenes de las especies progenitoras (aquellas que se originan durante los intervalos de extinción más adversos y que luego sobreviven a la extinción y dan lugar a nuevos linajes). Las especies supervivientes son aquellas que no están muy afectadas por los episodios de extinción y aparecen tanto en el intervalo de supervivencia como en el de regeneración. Las especies desastre están específicamente adaptadas a condiciones ambientales severas propias de intervalos de extinción y sufren explosiones de población durante el intervalo de supervivencia; las especies oportunistas son aquellas poco comunes en ecosistemas complejos, donde la competencia es alta, pero que se expanden rápidamente en tamaño de población cuando estos ecosistemas son destruidos por episodios de extinción en masa. Las especies inmigrantes supervivientes han sobrevivido a la extinción en masa en algún otro sitio, en algún refugio, y luego vuelven a habitar un ambiente local en el intervalo de supervivencia, cuando las condiciones ambientales están mejorando.

MODELO DE EXTINCION, SUPERVIVENCIA Y RECUPERACION DE LOS INTERVALOS DE EXTINCION EN MASA

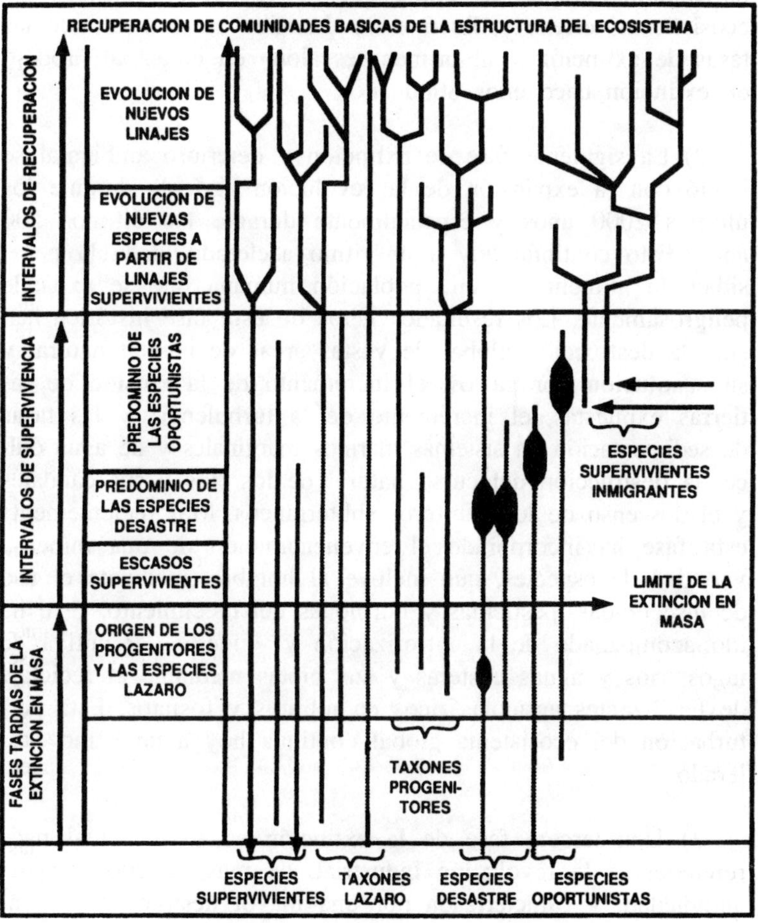

1) La severa influencia humana en la actual extinción empezó hace entre 9000 y 15 000 años en varios continentes con la aparición de sofisticadas armas de caza y el uso del fuego para dirigir las manadas, así como con la matanza masiva de mamíferos de talla grande y de marsupiales. Esto, junto con un cambio abrupto del clima que puede haber debilitado los ecosistemas terrestres, llevó a un dramático incremento de las tasas de extinción y al primer «escalón» en el actual proceso de extinción hace unos 8000 años.

2) La siguiente fase de extinción y deterioro ambiental se inició con la expansión de la revolución agrícola durante los últimos 2000 años y especialmente durante los últimos 500 años. Esto continúa hoy a un ritmo acelerado, dada la necesidad de alimentar a una población humana que se expande peligrosamente. Los resultados netos de esta fase histórica han sido la destrucción global de vastas áreas de hábitat natural y su sustitución por pastos, el incremento de la erosión de las tierras expuestas, el incremento de la turbulencia y las tasas de sedimentación en sistemas marinos marginales y de agua dulce, la destrucción del curso natural de los ríos y sus caudales y el descenso de los acuíferos subterráneos. Más recientemente esta fase ha incorporado el envenenamiento de una inmensa variedad de especies, que incluye al hombre, mediante el uso de insecticidas, pesticidas y hormonas del crecimiento. Esto ha ido acompañado de la eutrofización y «muerte» definitiva de lagos, ríos y aguas costeras y sus biotas mediante el reciclaje de fertilizantes agrícolas ricos en nitratos y fosfatos. Esta perturbación del ecosistema global continúa hoy a un ritmo acelerado.

3) Una tercera fase de la extinción en masa actual hace referencia a la revolución industrial, de más de 200 años de antigüedad, y caracterizada por una mayor destrucción de hábitats a la búsqueda de recursos naturales baratos y no renovables. Esta fase incluye la contaminación química del aire, del agua y de los suelos de todo el mundo. También incluye el incremento de partículas en suspensión, el inicio del calen-

tamiento global y la destrucción de la capa de ozono con el consiguiente cambio climático e incremento de los niveles de radiación sobre la superficie terrestre. Esto continúa hoy a un ritmo acelerado como mecanismo condicionante del cambio ambiental global, la pérdida del hábitat y el descenso de la biodiversidad mediante crecientes tasas de extinción.

4) El mecanismo condicionante más peligroso e históricamente más reciente de la actual extinción en masa es la superpoblación de la Tierra por parte de una especie agresiva: el hombre. Hoy la población global es aproximadamente de 5400 millones de personas. Esta cantidad se verá más que duplicada en el próximo siglo, con más de 12 000 millones de humanos según las tasas de crecimiento de la población previstas, y quizá nos quedamos cortos. Pero la Tierra aún estaría por debajo del límite de su capacidad de albergar seres humanos si todos tuviéramos un nivel de vida básico que consistiera en pequeñas viviendas, con una sola habitación, agua e higiene básicos y una dieta consistente básicamente en cereales. Si admitimos que, hoy por hoy, una pequeña proporción de la población global vive a un nivel mucho más alto, y la mayoría de la población global tiene un nivel de vida muy inferior, imagínense lo que será la vida humana en la Tierra dentro de cien años, con más del doble de habitantes, la mayoría de ellos hambrientos y pobres en recursos. Una Tierra superpoblada implica niveles acelerados de destrucción del hábitat natural, eliminación de ecosistemas enteros (por ejemplo, selvas tropicales) y agotamiento final de recursos no renovables. Sólo con la destrucción de las selvas tropicales se perderá más de la mitad de la diversidad biológica, y la actual extinción en masa será estadísticamente un hecho. ¿Dónde estaremos, y cual será el destino de nuestra gente, y más aun el resto de la biota global, en cien años?

Ya hay áreas del mundo donde la pérdida de la biodiversidad durante los últimos 15 000 años se acerca o excede los niveles de extinción en masa. La mayoría de los mamíferos nativos más grandes de Europa y Norteamérica están extinguidos o amenazados. Africa le sigue de cerca. Se estima que hasta el 60 o 70% de las especies marsupiales nativas de Australia están extinguidas o amenazadas en este periodo de tiempo, como lo están el 50% de los primates de Madagascar, y hasta el 40% de los mamíferos marinos. Los ecosistemas arrecifales están en colapso y disminuyen rápidamente debido a la polución costera, el exceso de pesca, el enturbiamiento, la eutrofización y los niveles excesivos de radiación relacionados con el ensanchamiento de los agujeros en la capa de ozono.

Pero quizá la estadística más significativa es la prevista para las selvas tropicales en conjunto, y especialmente las de las zonas neotropicales de Sudamérica, Norteamérica y Malasia. La diversidad biológica global varía según las estimaciones entre 10 y 100 millones de especies, y muchos científicos sugieren que 30 millones de especies es una cifra razonable. Aunque sólo alrededor de 1,4 millones de especies han sido descritas y estudiadas, de la gran mayoría de ellas se desconoce completamente qué beneficios podrían ofrecer al hombre como recursos vivientes (por ejemplo, en medicina). Se estima que entre el 50 y el 60 por ciento de las especies vive en ecosistemas tropicales o en sus márgenes, principalmente en las selvas. Esto representa la mitad de la diversidad de la vida en la Tierra. Al ritmo habitual de destrucción del hábitat, en el año 2050 sólo quedará del 2 al 5 por ciento de las selvas tropicales en conjunto y menos aún, si es que queda alguna, en el año 3000. Sólo la pérdida de este ecosistema, entre todos los de la Tierra, dará lugar a un empobrecimiento de la biodiversidad comparable a las antiguas extinciones en masa, pero con una tasa que excede en varios órdenes de magnitud la de las extinciones del pasado, incluyendo las relacionadas con los grandes impactos de meteoritos, como la que significó el fin de la era de los dinosaurios, el límite Cretácico-Terciario. La tasa de extinción prevista para los próximos 30 años es de 300 especies al día, en su mayoría microbios; pero, entre ellas, hasta cinco especies de plantas y una especie animal. Este dato supera en varios órdenes de magnitud a la previsión estadística de cualquier extinción en masa del pasado. Incluso la diversidad humana, tal como se refleja en la extinción de tribus y culturas a través de la historia reciente en manos de otros humanos, se ha visto drásticamente reducida. Es razonable preguntarse en qué medida la especie *Homo sapiens* llegará a formar parte de la lista de especies extinguidas en un futuro cercano.

Conclusión

La historia geológica de las extinciones en masa, de la supervivencia y regeneración durante las crisis biológicas periódicas en la Tierra, puede ser estudiada a una escala tan detallada que en la práctica se aproxima a los niveles de resolución alcanzados para describir el cambio global durante los últimos 100 000 años. Estos estudios de alta resolución demuestran inicialmente que las extinciones en masa y su recuperación, aunque multifactorial y compleja, comparten características significativas. A partir de ellos podemos desarrollar un primer conjunto de modelos predictivos referente a las proporciones, modelos, causas y consecuencias de los episodios de extinción en masa, y juzgar cuál ha sido el papel de la diversidad biológica a la hora de asegurar la continuidad de la vida durante estas crisis biológicas globales. Estos modelos, aunque preliminares y necesitados de una contrastación posterior, predicen un futuro tenebroso para nuestro planeta y la vida que contiene si la sobrepoblación del hombre, la consiguiente crisis ambiental global y la espiral de destrucción del hábitat y pérdida de biodiversidad alcanzan y superan ampliamente los niveles de extinción en masa del pasado. Con el actual crecimiento exponencial, esta situación se alcanzará en menos de cien años, en vida de nuestros hijos y nietos. En el futuro, dentro de unos 12 a 14 millones de años, sin los altos niveles de biodiversidad del pasado, el ecosistema global ya no tendrá la flexibilidad necesaria para responder a las adversidades ambientales asociadas con futuras fases de extinción en masa, ya sean producidas por el hombre o por causas naturales. La siguiente extinción en masa podría ser la más destructiva de todas.

La comunidad mundial debe darse cuenta de que no estamos viendo el futuro dentro de una bola de cristal, o leyendo una novela de ciencia ficción al predecir la muerte del ecosistema global y de la calidad de vida tal como la conocemos. Estamos mirando a los ojos de nuestros nietos y nos preguntamos: «¿Qué será de ellos en este mundo agonizante?». La decisión no es suya, es nuestra, de nuestra generación, en este instante. No podemos esperar a saber qué ocurrirá; hay que actuar decididamente a nivel personal, social y político a fin de invertir la espiral de extinción biológica y destrucción del hábitat en el planeta Tierra.

Referencias

Alvarez, L.W., W. Alvarez, F. Asaro y H.V. Michel, 1980, «Extraterrestrial cause for he Cretaceous-Tertiary extinction», *Science*, 208, págs. 1095-1108.
Alvarez, W., E.G. Kauffman, F. Surlyk, L.W. Alvarez, F. Asaro y H.V. Michel, 1984, «The impact theory of mass extinctions and the marine invertebrate record», *Science*, 223, págs. 1135-1141.
Asaro, F., H.V. Michel, L.W. Alvarez y A. Montanari, 1988, «Impacts and multiple Iridium anomalies», *Transactions of the American Geophysical Union*, 69, 16, págs. 301-320.
Elder, W.P., 1989, «Molluscan extinction patterns across the Cenomanian-Turonian stage boundary in the Western Interior of the United States», *Palobiology*, 15, págs. 229-320.
Erwin, D.H., 1989, «The end-Permian mass extinction what really happened and did it matter?», *Trends in Ecology and Evolution*, 4, pág. 225.
Goodfellow, W.D., H. Geldsetzer, D.J. McLaren, M.J. Orchard y G. Klapper, 1987, «Geochemical and isotopic anomalies associated with teh Frasnian-Famennian extinction», *Historical Biology*, 21, págs. 51-72.
Hallam, A., 1989, «The case for sea-level change as a dominant causal factor in mass extinction of marine invertebrates» en W.G. Chaloner y A. Hallam, eds., *Evolution and Extinction*, The Royal Society, Londres, págs. 197-215.
Hansen, T.A., 1988, «Early Tertiary radiation of marine molluscs and the long-term effects of the Cretaceous-Tertiray extinctions», *Paleobiology*, 14, págs. 197-215.
Harries, P.J. y E.G. Kauffman, 1990, «Patterns of survival and re-

covery following the Cenomanian-Turonian (Late Cretaceous) mass extinction in the Western Interior Basin, United States», en E.G. Kauffman y O.H. Walliser, eds., *Extinction Events in Earth History,* Springer Verlag (Lecture Notes in Earth History, vol. 30), Berlín, págs. 277-298.

Hut, P., W. Alvarez, W.P. Elder, T.A. Hansen, E.G. Kauffman, G. Keller, E.M. Shoemaker y P.R. Weissman, 1987, «Comet Showers as a possible cause of stepwise extinctions», *Nature,* 329, págs. 118-126.

Jablonski, D., 1986, «Background and mass extinctions: The alternation of macroevolutionary regimes», *Science,* 231, págs. 129-133.

Johnson, C.C. y E.G. Kauffman, 1990, «Originations, radiations and extinctions of Cretaceous rudistid bivalve species in the Caribbean Province» en E.G. Kauffman y O.H. Walliser, eds., *Extinction Events in Earth History,* Springer Verlag (Lecture Notes in Earth History, vol. 30, Berlín, págs. 305-324.

Kauffman, E.G., 1988a, «The dynamics of marine stepwise mass extinction» en Lamolda, M., E.G. Kauffman y O.H. Walliser, eds., *Paleontology and Evolution: Extinction Events. Revista Española de Paleontología,* págs. 57-71.

Kauffman, E.G., 1988, «Concepts and methods of high-resolution event stratigraphy», *Annual Reviews of Earth and Planetary Sciences,* 16, págs. 605-654.

Keller, G., 1986, «Stepwise mass extinctions and impact events: Late Eocene and early Oligocene», *Marine Micropaleontology,* 13, págs. 267-293.

Larson, R.L., 1991a, «Latest pules of Earth: Evidence for a mid-Cretaceous superplume», *Geology,* 19, págs. 547-550.

Larson, R.L., 1991b, «Geological consequences of superplumes», *Geology,* 19, págs. 963-966.

McHorne, J.F. y R.S. Dietz, 1991, «Multiple impact craters and astroblemes: Earth's record», *Geological Society of America, Abstract with Programs,* 23, págs. A183.

McLaren, D.J., 1989, «Detection and significance of mass killings», *Historical Biology,* 2, págs. 5-15.

Orth, C.J., Attrep, M., X. Mao, E.G. Kauffman, R. Diner y W.P. Elder, 1988, «Iridium abundance maxima in the Upper Cenomanian extinction interval», *Geophysical Research Letters,* 15, págs. 346-349.

Orth, C.J., M. Attrep, R. Quintana, W.P. Elder, E.G. Kauffman, R. Diner y T. Villamil, 1993, «Elemental abundance in the Late Cenomanian extinction interval: A search for the source(s)», *Earth and Planetary Science Letters,* 117, págs. 189-204.

Raup, D.M. y J.J. Sepkoski, Jr., 1984, «Periodicity of extinction in the geologic past», *Science Proceedings of the National Academy of Sciences of the USA,* 81, págs. 801-805.

Raup, D.M. y J.J. Sepkoski, Jr., 1986, «Periodic extinctions of families and genera», *Science,* 231, págs. 833-836.

Schindler, E., 1990, «The late Frasnian (Upper Devonian) Kellwasser Crisis» en E.G. Kauffman y O.H. Walliser, eds., *Extinction Events in Earth History,* Springer Verlag (Lecture Notes in Earth History, vol. 30), Berlín, págs. 151-159.

Sepkoski, J.J., Jr., 1993, «Ten years in the library: New data confirm paleontological patterns», *Paleobiology,* 19, págs. 43-51.

Smit, J., A. Montanari, N.H.M. Swinburne, W. Alvarez, A.R. Hildebrand, S.V. Margolis, P.F. Claeys, W. Lowrie y F. Asaro, 1992, «Tektite-bearing, deep-water clastic unit the Cretaceous-Tertiary boundary in northeastern Mexico», *Geology,* 20, págs. 99-103.

Teichert, K., 1990, «The Permian-Triassic boundary revisited» en E.G. Kauffman y O.H. Walliser, eds., *Extinction Events in Earth History,* Springer Verlag (Lecture Notes in Earth History, vol. 30), Berlín, págs. 199-238.

Walliser, O.H., J. Lottman y E. Schindler, 1988, «Global events in the Devonian of the Kellerwald and Harz Mountains», *Courier Forschungs-Institut Senckenberg,* 102, págs. 190-193.

Walliser, O.H., H. Gross-Uffenorde, E. Schindler y W. Ziegler, 1989, «On the Upper Kellwasser horizon (Boundary Frasnian/Famennian)», *Courier Forschungs-Institut Senckenberg,* 110, págs. 247-255.

Wang, K., C.J. Orth, M. Attrep, Jr., B.D.E. Chatterton, H. Hou y H.H.J. Geldsetzer, 1991, «Geochemical evidence for a catastrophic biotic event at the Frasnian/Famennian boundary in South China», *Geology,* 19, págs. 776-779.

Wolfe, J.A. y G.R. Upchurch, Jr., 1986, «Vegetation, climatic and floral changes across the Cretaceous-Tertiary boundary», *Nature,* 324, págs. 148-152.

Coloquio

Jorge Wagensberg: ¿Cómo se evalúa la extinción diaria de 300 especies?

Erle G. Kauffman: Se basa en un modelo de la selva tropical. Esta estimación de la pérdida de especies es una medida del grado de destrucción de áreas de la selva tropical donde hay muchos endemismos de los cuales se conoce, aproximadamente, su cantidad. A esto hay que añadirle la proporción que conocemos de la biota. Si tomamos la selva montañosa peruana, ejemplo típico de alto endemismo, perdemos un número conocido de especies endémicas de este área porque cada año se destruye una parte del hábitat. Entonces, si conocemos la proporción de estas especies y extrapolamos lo que esta pequeña porción de selva representa dentro de un contexto global, resulta que diariamente mueren unas 300 especies, la mayoría microscópicas. El hecho de que muchas sean microbios, quizás endémicos, tiene sus repercusiones, porque muchos microbios tienen relaciones ecológicas con determinadas plantas o incluso son simbiontes de ellas. Por ejemplo, las raíces de muchas plantas tienen una enorme cantidad de microbios simbióticos específicamente adaptados. Pero si incluso nos olvidamos de las 300 y nos centramos en las seis macroespecies diarias (5 plantas y un animal) en estas áreas de selva tropical, esta sigue siendo una cantidad amenazadora, porque en dos días desaparece lo que se calcula que desaparece en un año en una antigua extinción en masa. Esto se basa, obviamente, en grupos de datos muy diversos.

Andrew Coen: ¿Hay alguna consideración o predicción teórica que dependa de si los meteoritos caen por encima o por debajo de la zona de aguas estratificadas de los océanos?

Erle G. Kauffman: Si el impacto se da en un área suficientemente somera donde no hay estratificación de las aguas, tendrá el efecto de un impacto terrestre. La única forma de saber que ha sido en el agua es que la forma de las microtectitas es muy distinta, porque inicialmente salen de un baño de vapor, por así decirlo. Si nos fijamos en el intervalo de extinción del Eoceno-Oligoceno, hay dos tipos de microtectitas. Unas son vidrios típicamente terrestres, mientras que las otras son vidrios muy contorsionados y parcialmente desecados que probablemente provienen de impactos en aguas poco profundas. En la plataforma escocesa correspondiente a esta época tenemos un cráter de impacto y también tenemos otro en tierra. En Norteamérica también se han encontrado en un par de lugares pero, obviamente, hay muchos más.

Eustoquio Molina: Me gustaría hacer un comentario sobre el límite Eoceno-Oligoceno. Creo que la extinción escalonada del Eoceno superior no puede ser relacionada con impactos de meteoritos. Recientemente hemos estudiado 24 secciones por todo el mundo, desde la sección en Italia del estratotipo del límite Eoceno-Oligoceno, hasta varias secciones en España y muchas secciones de las profundidades marinas. Hemos estudiado con mucha resolución el nivel con evidencias de impacto y no encontramos ninguna relación causa-efecto entre el nivel de impacto y la extinción.

Erle G. Kauffman: De acuerdo, esto es exactamente lo que digo. En el diagrama con todos los niveles de microtectitas, sólo uno va asociado con un escalón de extinción. Si nos fijamos, hay tres o cinco niveles de microtectitas, que representan impactos terrestres o de aguas poco profundas. Si tomamos tres (estimación conservadora), estos representan impactos terrestres y de aguas someras en el Eoceno, en un momento en que la superficie del planeta estaba cubierta por las aguas en un 77%. Entonces, según las predicciones de impacto al azar en el planeta, estos tres impactos serían los representantes de un total de 12 a 15, la mayoría en el océano. Los impactos oceánicos no crearán la evidencia física que estamos buscando en nuestro análisis micropaleontológico. Creo que los escalones iniciales de extinción de foraminíferos o moluscos en el límite Eoceno-Oligoceno están claramente relacionados con variaciones geoquímicas, debido a las variaciones de isótopos estables que envuelven estas extinciones. La pregunta es: ¿qué desencadena estos cambios geoquímicos abruptos que parecen caracterizar todas las extinciones en masa (ya sea dentro o alrededor de ellas)? Una de las explicaciones más plausibles es la de los impactos oceánicos. En el modelo de impactos al azar, los primeros impactos serían en el agua y no dejarían evidencias físicas, o dejarían muy pocas. Principalmente se trata de evidencias geoquímicas o biológicas. No puedo decir que la extinción de sus foraminíferos esté causada por impactos y de hecho no digo que las extinciones se deban a impactos. Digo que los impactos son un catalizador de efectos retroactivos muy dinámicos en la circulación oceánica y atmosférica, que podrían ser los causantes de la mortandad en los episodios de extinción en masa.

Eustaquio Molina: Creo que hay un aspecto importante en lo que respecta a los impactos y la extinción: la magnitud del bólido. Un meteorito muy grande probablemente causaría una gran extinción, como el ejemplo del límite Cretácico-Terciario. Pero cada día vemos la caída de estrellas fugaces e incluso meteoritos en tiempos históricos (como el caso del cometa de Tunguska) y no producen ninguna extinción. Quizá los meteoritos de tamaño grande puedan producir extinciones, pero en el caso de los meteoritos pequeños y medianos, si llegasen a causar alguna extinción local, las especies desaparecidas serían repobladas por inmigrantes. Creo que los impactos de meteoritos son una causa de extinción, pero muy poco frecuente. Creo que, por ahora, la única extinción relacionada con impactos es la del límite Cretácico-Terciario.

Erle G. Kauffman: Estoy de acuerdo con usted en que los meteoritos de tamaño pequeño son comunes, y también los cometas. Lo que vemos es que los impactos pequeños sobre tierra firme probablemente no harían nada, como el Meteor Crater de Arizona,* que correspondería a los impactos regulares

---

* El Meteor Crater es un ejemplo clásico de impacto meteorítico. Se formó hace unos 22 000 años como resultado del impacto y explosión de una masa,

que se producen siempre. Pero los meteoritos pequeños, de por ejemplo medio kilómetro, podrían caer en el océano y esto puede tener consecuencias, cosa que no ocurriría si el impacto fuera sobre tierra firme. Su otro comentario sobre la rareza de impactos a gran escala no me parece sostenible por dos razones. Una es el trabajo de Shoemaker, que ha observado un determinado número de cuerpos que cruzan la órbita de la Tierra. Tales cuerpos, que pueden detectarse en el telescopio, llegan a medir más de un kilómetro de diámetro y se han podido ver hasta 3600. Uno de ellos tiene un diámetro de 20 kilómetros de diámetro, el doble del que causó la extinción del límite Cretácico-Terciario. Esto nos da una idea de lo que es la historia de impactos regulares y nos muestra que los de más de diez kilómetros son verdaderamente raros en un lapso de 50 millones de años. Pero también muestra que hay una gran probabilidad de que meteoritos de 1 a 3 kilómetros impacten en la Tierra, como en cualquier otro planeta del sistema solar. Lo que aquí estamos analizando no es el registro de impactos regulares, sino el conjunto de impactos estadísticamente agrupados que se asocian con las extinciones en masa. Tanto si se representan matemáticamente como si se datan los impactos y se disponen en una columna estratigráfica, las extinciones en masa se concentran alrededor de las agrupaciones de impactos. Los datos más recientes que he presentado indican que éste es el caso. Estamos analizando la frecuencia de tormentas de meteoritos, cualquiera que sea su causa, y esto lo consideramos el detonador de los mecanismos retroactivos de extinción, no el impacto en sí mismo.

Eustaquio Molina: Es posible, pero creo que no necesitamos tantos meteoritos.

Erle G. Kauffman: Tanto si los necesitamos como si no, ahí están.

---

prácticamente de hierro puro, con un peso de unas 63 000 toneladas y un diámetro mínimo de 25 metros. *(N. del T.)*

Extinción de fondo frente a extinciones en masa

David Jablonski

Introducción

El fenómeno de la extinción es una de las más crudas realidades del registro fósil. La actual biosfera, con entre 3 y 30 millones de especies, constituye sólo una pequeña porción del total de especies que han habitado la Tierra en los últimos 4500 millones de años. La mayor parte de estas extinciones han tenido lugar durante periodos en los que las tasas de extinción eran «normales» o bajas, lo que usualmente se conoce como «extinción de fondo». No obstante, el análisis del registro fósil, desde los más detallados estudios de cortes geológicos hasta las grandes síntesis globales, revela que las intensidades de extinción han fluctuado ampliamente desde el comienzo del Paleozoico. En ocasiones, los niveles más elevados de extinción han afectado tan sólo a una reducida fracción de las especies existentes, como en el caso de las extinciones de grandes vertebrados en el Pleistoceno superior, momento en el que desaparecieron diversas líneas de grandes mamíferos. También hay fases durante las cuales un gran número y una amplia diversidad de formas, desde el plancton oceánico hasta los vertebrados terrestres, desaparecen a escala global. A este tipo de episodios, ecológica y biogeográficamente muy amplios, y cortos en relación a la duración de los taxones implicados, se les denomina extinciones en masa.

En el registro fósil han podido ser reconocidos un mínimo de cinco episodios de auténtica extinción en masa. Desde la más antigua a la más reciente, son las extinciones en masa de finales del Ordovícico, la del Devónico superior, la de finales del Pérmico (con mucho, la más importante de todas, como se verá en el capítulo de D. Erwin), la de finales del Triásico y la del final del Cretácico. Aunque de efectos más reducidos que la del final del Pérmico, la de finales del Cretácico es mucho más conocida y ha sido más profundamente estudiada, por cuanto fue la que hizo desaparecer a los dinosaurios, al parecer por el impacto de un asteroide. Mi propia investigación se ha centrado en este episodio de finales del Cretácico, por lo que en este capítulo prestaré una especial atención a este episodio, ocurrido hace 65 millones de años.

En los últimos tiempos se ha escrito mucho sobre los posibles agentes causantes de estos episodios de extinción en masa, desde las oscilaciones del nivel del mar hasta los meteoritos. Pero son relativamente pocos los trabajos enfocados desde el punto de vista de sus consecuencias biológicas. Lo que aquí quiero discutir son las evidencias que sugieren que las extinciones en masa no se limitaron a hacer desaparecer un mayor número de especies y taxones de orden superior, sino que las extinciones afectaron a tipos de especies diferentes de los que desaparecen por causa de la extinción de fondo. En general, las extinciones en masa hacen desaparecer taxones que corren poco peligro de extinguirse durante los tiempos normales con bajos índices de extinción. Esto quiere decir que durante los procesos de extinción en masa pueden desaparecer taxones y adaptaciones que han tenido éxito y que han sido resistentes a la extinción durante las fases normales, de manera que la evolución puede ser canalizada hacia direcciones del todo imprevisibles desde la perspectiva de los patrones evolutivos dominantes durante la extinción de fondo. También intentaré demostrar que la extinción de finales del Cretácico fue realmente global en su amplitud y esencialmente homogénea tanto en su severidad como en la selectividad de los organismos marinos afectados en todo el mundo, con la excepción de un único tipo de hábitat. Acabaré mostrando brevemente que, mientras que la extinción ha sido remarcablemente constante a lo largo de todo el globo, se detecta una marcada variación geográfica en la recuperación biológica posterior. Este hecho, además, subraya la profunda y persistente influencia que las extinciones en masa pueden ejercer sobre la biota global.

Papel evolutivo de las extinciones en masa

En teoría, las extinciones en masa pueden afectar de tres maneras diferentes a los procesos evolutivos:

1. Mediante la intensificación de las pautas de supervivencia conocidas durante las fases de extinción de fondo. Esto implicaría que aquellos taxones que normalmente son más propensos a la extinción en las épocas normales padecerían más severamente sus efectos, mientras que los taxones normalmente resistentes a la extinción mostrarían pérdidas relativamente inferiores. Tales extinciones se limitarían simplemente a acelerar los procesos ya conocidos durante la extinción de fondo.

2. Mediante la eliminación de taxones al azar, siendo entonces la supervivencia una cuestión de suerte, sin relación con la biología de los grupos. Tal tipo de extinción causaría una profunda interrupción en los procesos evolutivos desarrollados durante los momentos en que predomina la extinción de fondo.

3. Mediante un cambio en las reglas de la extinción, de manera que la supervivencia no es causada ni completamente determinada por aquellos factores que son relevantes durante la extinción de fondo. Este tipo de cambio también afectaría a los procesos iniciados en las fases en que predomina la extinción de fondo, pero al mismo tiempo permitiría una mayor continuidad entre los dos regímenes, por ejemplo en el caso de que los taxones presentasen características que fuesen favorables tanto durante los momentos con extinción de fondo como durante las fases de extinción en masa.

La comparación entre la extinción de fondo y la extinción en masa no es fácil. Se requieren largas listas de datos que puedan ser estadísticamente analizadas, con correcciones adecuadas de los sesgos que introducen la conservación diferencial y el muestreo. No obstante, el número de análisis accesibles va en aumento, especialmente en el caso de los invertebrados marinos, que son los que presentan un registro fósil más completo. La mayoría de estas comparaciones entre extinción de fondo y extinciones en masa parecen adecuarse a la tercera de las alternativas propuestas. Durante los últimos diez años he trabajado en los patrones de extinción de los moluscos bivalvos y gasterópodos del Cretácico superior de Norteamérica, Europa y Norte de Africa. Primero me centré en el Golfo y la plataforma costera atlántica de los Estados Unidos, en donde el nivel de muestreo y preservación para este lapso de tiempo es uno de los mejores del mundo. Así, ostras de 70 millones de años conservan todavía el brillo e incluso pueden detectarse conchas larvales encima de muchos bivalvos y gasterópodos.

Trabajando en la plataforma costera norteamericana (lo que nosotros llamamos *Coastal Plain)* encontré que, en las épocas en que predomina la extinción de fondo, una elevada riqueza de especies y una amplia distribución geográfica a nivel de especie aumentaba las posibilidades de supervivencia entre los géneros de moluscos. Desde luego, esta observación no es sorprendente y encaja con lo que cabría esperar desde el punto de vista teórico: es más probable que los géneros cuyas especies son numerosas o están muy extendidas eviten la extinción total y superen las perturbaciones ambientales, mientras que aquellos géneros con pocas especies o con especies limitadas en pequeñas áreas serían más sensibles. La correlación positiva existente entre extensión geográfica y duración del taxón ha sido documentada por muchos autores, entre los que se encuentran Jeremy Jackson, Thor Hansen y Antoni Hoffman. Yo mismo, en 1986, he podido demostrar que durante los tiempos en que domina la extinción de fondo esto se traduce en un mayor índice de supervivencia a nivel genérico. En todos los casos, durante los momentos en que predomina la extinción de fondo, los géneros compuestos mayoritariamente por especies con una amplia distribución geográfica tienen una duración significativamente mayor que aquellos compuestos básicamente por especies de

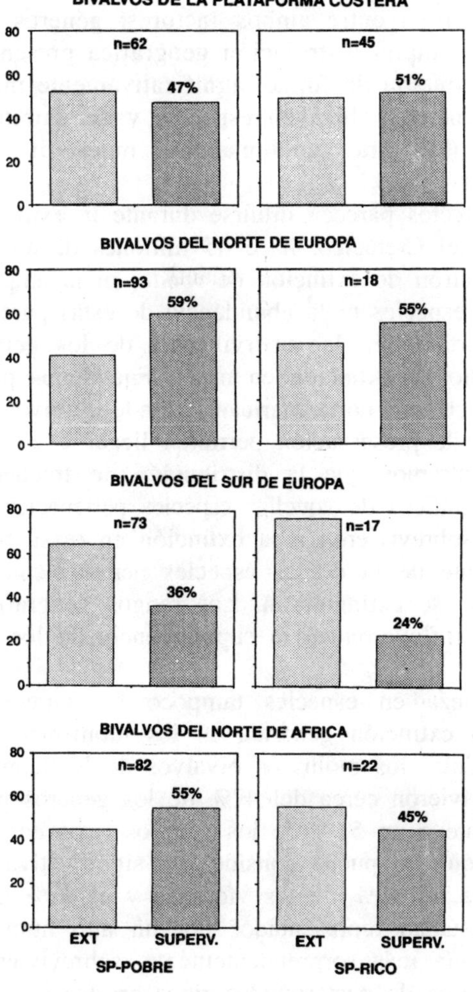

Figura 1. Una alta riqueza de especies no produjo ningún efecto en la capacidad de supervivencia de los géneros de moluscos bivalvos del final del Cretácico. (A) Plataforma costera norteamericana; (B) norte de Europa; (C) sur de Europa; (D) norte de Africa; n = número de géneros. Nótese las tasas de supervivencia mucho más bajas del sur de Europa, debidas básicamente al declive de los rudistas.

ámbito geográfico restringido. Incluso puede detectarse una relación positiva entre ambos factores: géneros con muchas especies de amplia distribución geográfica presentan unos niveles de extinción de fondo significativamente más bajos que aquellos géneros pobres en especies y de ámbito geográfico restringido (las otras combinaciones muestran valores intermedios).

Estos efectos parecen diluirse durante la extinción en masa de finales del Cretácico, hace 65 millones de años. Contrariamente al patrón de extinción de fondo, ni la amplitud geográfica de las especies ni la abundancia de éstas parecen jugar un papel importante en la supervivencia de los géneros durante este episodio de extinción en masa. Fijándonos primero en la plataforma costera norteamericana, donde el nivel de muestreo y el grado de preservación permiten llegar a conclusiones sólidas, encontramos que la distribución de frecuencias de los rangos geográficos de aquellas especies pertenecientes a los géneros que sobrevivieron a la extinción en masa no difiere estadísticamente de la de las especies pertenecientes a aquellos géneros que se extinguieron. Los rangos geográficos de cada especie no influyeron en la supervivencia de los distintos géneros.

La riqueza en especies tampoco ha supuesto un freno frente a la extinción genérica en los momentos de extinción en masa. Entre los moluscos bivalvos de Norteamérica (figura 1A) sobrevivieron cerca del 47% de los géneros pobres en especies, frente a un 51% de los géneros ricos en especies, una diferencia que no puede considerarse significativa (o dicho de otra manera, el 40% de las víctimas y el 42% de los supervivientes estaban representados por un alto número de especies). Todavía más sorprendentemente, sobrevivieron bastantes *menos* géneros de gasterópodos ricos en especies que géneros pobres en especies, invirtiendo el patrón de supervivencia que había predominado en los últimos 16 millones de años. La relación positiva entre riqueza de especies y rango geográfico de las especies dentro de un género también se perdió durante la mencionada extinción en masa: el 59% de los grupos que normalmente alcanzan una mayor duración se extinguió, mientras que entre los grupos más vulnerables la extinción afectó al 56% (de nuevo una diferencia insignificante).

Un patrón semejante ha sido observado para cada región biogeográfica de la cual existen datos sobre el final del Cretácico. Así, la riqueza en especies tampoco supuso ninguna ventaja en el caso del norte de Europa (figura 1B). Entre los gasterópodos de este área, el 76,8 % de los géneros pobres en especies y el 77,5% de los géneros ricos en especies sobrevivieron a la extinción, lo que representa una asombrosa correspondencia. En el sur de Europa (España, sur de Francia, Italia, los Balcanes) el patrón de supervivencia es nuevamente opuesto a lo que se observa durante los momentos en que predomina la extinción de fondo. Sin embargo, aquí tenemos únicamente 17 géneros ricos en especies, por lo que las diferencias observadas no son estadísticamente significativas. Los porcentajes de supervivencia en esta región son mucho más bajos debido a que estamos tratando con un inusual conjunto de comunidades, aparentemente dominadas por los rudistas, un extraño grupo de bivalvos filtradores que desplazaron a los corales de las plataformas carbonatadas pero que se extinguieron justo en el límite Cretácico-Terciario, o algo antes. En el norte de Africa (figura 1D), al sur del cinturón de rudistas, pero todavía dentro del ámbito tropical, de nuevo observamos el mismo patrón, y los niveles de extinción son más próximos a los de Europa o Norteamérica. Volveremos más tarde sobre las implicaciones que tienen estos valores relativamente bajos de extinción en las zonas tropicales, pero por el momento lo único que me interesa remarcar es que en esta región tampoco una alta diversidad de especies supuso un mecanismo de protección frente a la extinción durante el episodio de finales del Cretácico.

Este cambio en las normas no afecta tan sólo al límite Cretácico-Terciario. La diversidad específica evidentemente no supuso ninguna ventaja para los trilobites del Cámbrico superior, los cuales experimentaron una serie de episodios de extinción a lo largo de ese periodo; como tampoco lo supuso para los briozoos del final del Ordovícico, los corales y ammonoideos del Devónico superior o los equinoideos de finales del Cretácico. En lo que constituye la única excepción que he podido encontrar, Douglas Erwin descubrió que una alta diversidad de especies favoreció la supervivencia de los gasterópodos durante la gran extinción en masa del final del Pérmico. Las razones para este resultado paradójico, según el cual la mayor extinción en masa de la historia de la vida fue la que más se acercó a los patrones corrientes de la extinción de fondo, son confusas. Pero dada la dificultad para testar los efectos que una alta diversidad de especies produce en un intervalo de extinción en masa, existe un impresionante conjunto de organismos y episodios que confirman los resultados de la extinción del Cretácico y su diferencia con el patrón de extinción de fondo.

Hasta aquí he mostrado cómo la supervivencia durante los periodos de extinción en masa no aparece ligada a ninguno de los factores que son relevantes durante los tiempos en que sólo actúa la extinción de fondo. Esto descarta la primera de las tres alternativas que he señalado más arriba: las extinciones en masa no constituyen meras fases de intensificación de la extinción de fondo. Sin embargo, a pesar del fracaso de los factores corrientes de supervivencia, tales como una alta diversidad específica, la extinción en masa de finales del Cretácico, igual que otros episodios de extinción, no es un proceso meramente aleatorio. Una extensa distribución geográfica a nivel de especie no tiene efectos significativos sobre la supervivencia de los géneros, pero los géneros que se encontraban más ampliamente distribuidos a finales del Cretácico fueron los que superaron preferentemente la extinción en masa. En el caso de los moluscos norteamericanos, los géneros que también se encontraban fuera de la plataforma costera presentan tasas de supervivencia significativamente superiores a aquellos otros restringidos a aquella región. Por lo que se refiere a los bivalvos, el 55% de los géneros con una amplia distribución geográfica sobrevivió, frente a sólo un 9% de los géneros endémicos; en el caso de los gasterópodos, el 50% de los géneros ampliamente expandidos sobrevivió, frente a un 11% de los géneros endémicos (estadísticamente, estas diferencias son altamente significativas). De modo que la extensión geográfica sí que es importante, pero ésta es una selectividad que actúa a un nivel jerárquico diferente del observado durante las épocas en que sólo actúa la extinción de fondo. Mientras que la extensión geográfica de las especies individuales dentro de un género no tiene un efecto significativo, el rango geográfico total del género sí que es importante, independientemente de si este amplio rango corresponde a un alto número de especies, cada una de ellas endémica en su propia área, o bien corresponde a unas pocas especies, cada una de ellas extendida sobre distancias muy largas. Lo mismo es aplicable a los bivalvos europeos.

Un nivel de supervivencia preferencial en géneros ampliamente repartidos durante una extinción en masa ha podido ser también reconocido en otros grupos y episodios. Entre estos se encuentran los trilobites del Cámbrico superior, los gasterópodos del final del Pérmico, así como los bivalvos de todos los episodios importantes de extinción en masa: final del Ordovícico, Devónico superior, final del Pérmico, final del Triásico y, como ya se ha discutido, final del Cretácico. Puede que este efecto también sea activo durante las fases de extinción de fondo, pero su detección se hace difícil, probablemente en parte debido a las escalas de tiempo implicadas, pero también porque aparece camuflado por los efectos de otros factores de supervivencia. No obstante, durante las extinciones en masa, la extensión geográfica emerge como uno de los factores más claros que permiten predecir la supervivencia a nivel de género. Es en este sentido que se puede afirmar que ha habido un cambio de reglas.

Naturalmente, esto no quiere decir que la selección natural a nivel individual no tenga ningún efecto o que éstos sean aleatorios durante las extinciones en masa. Tampoco estoy afirmando que los diferentes atributos sean irrelevantes para la extinción de fondo o las extinciones en masa. El alto nivel de supervivencia de las diatomeas planctónicas en el límite Cretácico-Terciario ha sido atribuido por Jennifer Kitchell y otros a la presencia de una fase bentónica de letargo durante su ciclo vital, que se habría originado realmente durante los tiempos de extinción normal como respuesta a las condiciones de estrés que se dan en las aguas superficiales. Por su parte, Sheehan y Hansen han argumentado que los moluscos detritófagos muestran niveles de extinción más bajos que los moluscos suspensívoros al final del Cretácico; estas diferencias también debieron originarse en los tiempos de extinción normal. En ambos casos se requieren análisis más profundos: carecemos de datos sobre los patrones de extinción de fondo en diatomeas y existen algunos problemas taxonómicos serios en el caso de algunos moluscos detritófagos. Pero, de ser correctos, estos resultados sobre diatomeas y moluscos probablemente reflejan la existencia de afortunados procesos de preadaptación a las peculiares condiciones del final del Cretácico (interrupción y colapso de las redes tróficas del plancton, etcétera), más que la persistencia durante la extinción en masa de los regímenes de selección que actuaban bajo la extinción de fondo. En cualquier caso, los resultados que se derivan de la extinción del final del Cretácico y de otras extinciones en masa sugieren una pérdida significativa de efectividad en al menos algunos de los rasgos que confieren resistencia frente a la extinción de fondo. Más que una simple aceleración o reforzamiento de los patrones «normales» de extinción, las extinciones en masa imponen un régimen de selectividad diferente que puede tener efectos impredecibles y duraderos sobre el curso de la evolución.

He escrito extensamente sobre las consecuencias evolutivas de las extinciones en masa y no voy a extenderme más aquí sobre este tema (ver bibliografía). Tal vez el mayor cambio de óptica que sugieren los resultados aquí expuestos radica en que difícilmente las extinciones en masa van a fomentar la adaptación a largo plazo de las biotas. Raup bautizó este punto de vista con el nombre de «selectividad no constructiva». Los taxones o las adaptaciones pueden desaparecer no porque estén mal adaptados o sean inferiores según las reglas del juego en condiciones normales (las cuales predominan durante la mayor parte del tiempo evolutivo), sino porque puede faltarles el apropiado despliegue biogeográfico u otras características necesarias para mantenerse durante una extinción en masa. Los patrones de extinción en masa pueden complicarse por la desaparición de taxones que estuviesen ya en declive, pero incluso los grupos en expansión pueden perderse si se componen básicamente de elementos endémicos o si sus centros de distribución se encuentran en hábitats o regiones vulnerables.

Por tanto, los «cuellos de botella» impuestos por las extinciones en masa son a menudo indiferentes a muchos aspectos de la adaptación. Así, no es sorprendente que existan características perdidas durante las extinciones en masa que de otra manera podrían haber persistido. Muchas, veces, por supuesto, esto no pasa de ser una impresión intuitiva y difícilmente testable. Adolf Seilacher ha comparado la morfogénesis de la compleja concha de los cefalópodos amonoideos (más conocidos como amonites), que se perdió con la extinción en masa del final del Cretácico, con el diseño de concha mucho más simple de *Nautilus*, un representante actual de otra línea que sobrevivió a dicho episodio. Este autor reconoce que «no había ciertamente nada erróneo en relación con la construcción de la concha de los amonoideos; y sin embargo sólo el diseño menos elaborado de *Nautilus* sobrevivió a la catástrofe. ¿Puede haber un ejemplo mejor para ilustrar cómo los criterios importantes durante una extinción en masa son diferentes de los ligados a la selección normal?».

Muchas formas como la bella e intrincada concha de los amonoideos se han perdido para siempre a lo largo de las sucesivas extinciones en masa; pero algunas vuelven a aparecer reiteradamente por convergencia, desarrollándose en otras ramas de la misma línea. Esto permite hacerse una idea de su potencial evolutivo en las épocas normales. Así, por ejemplo, desde el comienzo del Mesozoico diversos grupos de caracoles han desarrollado la capacidad para perforar las conchas de sus víctimas (evidentemente, una innovación evolutiva de considerable impacto para un depredador que se alimenta de bivalvos, gasterópodos y percebes). Un pequeño grupo dentro de la familia de los natícidos parece haber desarrollado esta capacidad perforante ya en el Triásico superior, pero esta línea desapareció rápidamente, aparentemente durante la extinción en masa del final del Triásico. Algunos miembros no perforantes de esta familia sobrevivieron y 120 millones de años después desarrollaron de nuevo la capacidad para perforar. Desde entonces, el grupo no ha dejado de aumentar en diversidad y abundancia.

De igual modo, la capacidad para taladrar rocas en áreas mareales, presente hoy entre los bivalvos en las familias Litophagidae y Pholalidae, fue primero desarrollada por una línea que se perdió durante la extinción en masa del final del Ordovícico. Esta estrategia biológica, que debió abrir un nuevo espacio ecológico y proporcionó refugios frente a las perturbaciones del medio y la depredación, no volvió a evolucionar de nuevo hasta el Triásico, unos 220 millones de años después. Seguramente existen otros ejemplos comparables en la mayor parte de grupos de invertebrados y vertebrados.

Más reconocidos en general son los efectos perdurables (o a largo plazo) de los cuellos de botella evolutivos impuestos por las extinciones en masa. Así, por ejemplo, la mayor parte de los escasos equínidos que sobrevivieron a la extinción en masa del final del Pérmico compartían todos el mismo tipo de disposición de las placas, y este pequeño subsegmento de la variedad de erizos de mar existente en el Paleozoico constituyó la base sobre la que se forjó toda la historia posterior del grupo. Pocos afirmarían que fue el patrón de las placas de estos supervivientes lo que les permitió sobrevivir a la extinción en masa, sino que lo que más bien ocurrió es que la extinción dejó un único modelo utilizable para la repoblación de los mares. De manera similar, Jack Wolfe ha propuesto que la extinción del final del Cretácico influyó en la composición a largo plazo de la flora del hemisferio norte, favoreciendo el dominio progresivo de aquellos taxones caducifolios de hoja ancha de las latitudes medias que aparentemente sobrevivieron al episodio de extinción. Siempre que la biota superviviente corresponda a una pequeña fracción de la diversidad existente antes de la extinción, existe la posibilidad de que el patrón de recuperación esté determinado por la asociación aleatoria de unas morfologías particulares con aquellos rasgos que proporcionan resistencia frente a la extinción. Esta situación podría considerarse el análogo macroevolutivo del «efecto fundador» de la genética de poblaciones.

Las extinciones en masa no se limitan simplemente a eliminar linajes y adaptaciones originadas en régimen de extinción de fondo. también crean importantes oportunidades ecológicas y evolutivas eliminando los taxones dominantes y permitiendo a otros grupos diversificarse con posterioridad al episodio de extinción. Michael Benton ha afirmado que muchas de las radiaciones evolutivas que en su día fueron consideradas como el triunfo de unos taxones adaptativamente superiores, ahora parecen haber sido precedidas, y aparentemente estimuladas, por la extinción de un grupo anterior. Entre los vertebrados, los ejemplos de tales sustituciones faunísticas precedidas por extinciones incluyen el reemplazamiento de los terápsidos (más conocidos como reptiles mamiferoides) por los dinosaurios, de los dinosaurios por los mamíferos, y de los mamíferos depredadores arcaicos por el moderno orden Carnivora. En los océanos, reiterados transtornos en la composición de las comunidades arrecifales, que han dado lugar a lo que Paul Copper ha denominado las «seis grandes comunidades evolutivas de arrecifes», también parecen haber sido provocados por extinciones en masa, más que por una progresiva exclusión competitiva de un grupo por otro. La única excepción podría ser en este caso la interacción entre los corales y los bivalvos rudistas en el periodo Cretácico, pero este es todavía un tema controvertido que precisa de una mayor atención. El mensaje general que puede extraerse de la comparación entre los grandes recambios faunísticos es que los reemplazamientos entre faunas están frecuentemente precedidos por un episodio de extinción. Tales episodios pueden hundir un grupo hasta entonces dominante, creando a continuación las oportunidades para la diversificación de otros grupos.

En diversas ocasiones he mantenido que los trópicos eran la región que proporcionaba una ilustración más vívida de lo que acabo de decir, pero ahora sospecho que esta idea estaba demasiado influida por el sorprendente y repetido colapso de las comunidades arrecifales. David Raup y yo mismo hemos comenzado un nuevo análisis de la biogeografía de la extinción finicretácica y hemos encontrado que las intensidades de extinción son notablemente similares a lo largo de todo el globo, excepto en el caso de las plataformas carbonatadas ocupadas por los rudistas. Los rudistas fueron unos bivalvos muy extraños que parecen haber desplazado a los corales como principal componente de estos lechos tropicales de aguas superficiales, extinguiéndose muy al final o en el mismo límite del periodo Cretácico.

Hemos acumulado datos sobre 106 faunas del Cretácico terminal, todas del Maastrichtiense. Algunas las conocemos por propia experiencia, especialmente las de la plataforma costera y las de la cuenca interior del oeste de Norteamérica (el llamado *Western Interior*). Información sobre otras áreas nos llegó a través de colegas como Erle Kauffman y Claudia Johnson, quienes generosamente permitieron nuestro acceso a sus datos sobre las faunas del Caribe. Otros datos proceden de la consulta de colecciones de museos, con diversas estancias en Londres, Bruselas, Hamburgo, Copenhague y Varsovia. Obviamente, una revisión taxonómica formal a esta escala era impracticable, pero se trató de elaborar una base de datos internamente consistente, y que se benefició de numerosos consejos útiles por parte de colegas como Noel Morris (Londres), Annic Dhondt (Bruselas), Claus Heinberg (Copenhague), Nikolaus Malchus (Berlín), Norm Sohl (Reston, Virginia), Tom Waller (Washington DC) y Louella Saul (Los Angeles).

A primera vista, parece que hemos detectado un fuerte gradiente latitudinal en las intensidades de extinción (figura 2A). Si contrastamos el porcentaje de extinción para cada fauna con 25 o más géneros, situadas en sus posiciones del Cretácico superior, encontramos un máximo en las latitudes bajas del norte, disminuyendo hacia el norte y hacia el sur. Sin embargo, este patrón cambia significativamente si simplemente omitimos los 46 géneros de rudistas, grupo que se concentra desde el Caribe y el norte del Mediterráneo, a lo largo de todo el Oriente Medio hasta el flanco sur de Asia (figura 2B). El gradiente entonces desaparece, con prácticamente todos los intervalos de confianza del 95% intersectando el valor medio del 52 % (la mediana es del 53%, un valor tan próximo a

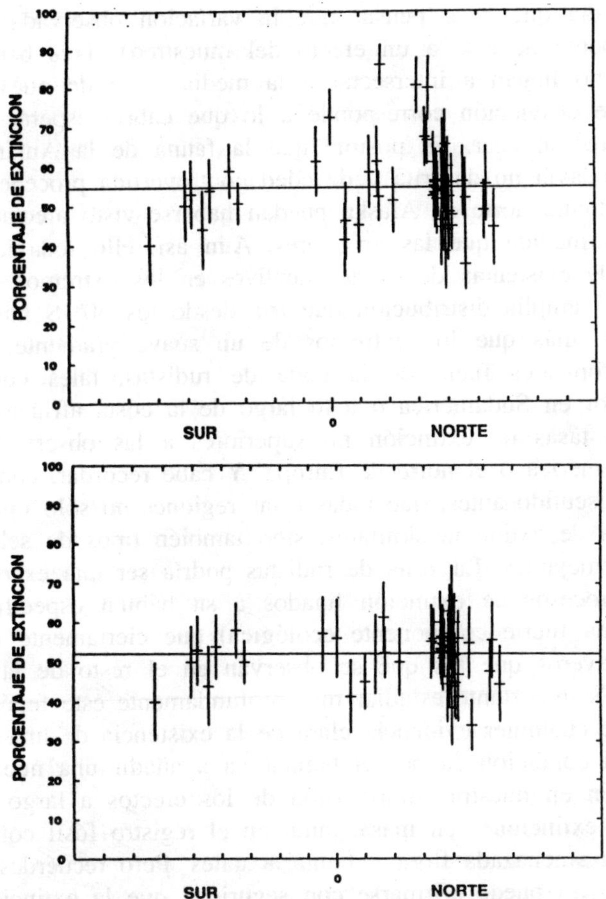

Figura 2. La extinción en masa del final del Cretácico fue un episodio global, con pérdidas similares en todas las latitudes. (A) Cuando se analizan conjuntamente todos los bivalvos marinos, el máximo de extinción parece situarse en las bajas latitudes septentrionales. (B) Cuando se excluye a los rudistas, un grupo de formas aberrantes que se especializaron en ambientes de plataforma calcáreos, las intensidades de extinción son constantes a escala mundial. Basado en 106 faunas de bivalvos del Cretácico terminal, situadas en su antigua posición geográfica. Barras verticales = intervalos de confianza del 95%. Línea horizontal = Media global de intensidad de extinción. Modificado de D.M. Raup y D. Jablonski, 1993.

la media que hace pensar que la variación observada podría fácilmente deberse a un efecto del muestreo). Tres barras de error no llegan a intersectar a la media, pero de nuevo este 5% de desviación corresponde a lo que cabría esperar de un muestreo al azar. Es posible que la fauna de la Antártida y otra todavía no descrita y de edad controvertida procedente de la vertiente norte de Alaska puedan haberse visto afectadas en menor medida que las anteriores. Aún así, ello todavía indicaría la existencia de fuertes declives en los extremos finales de una amplia distribución que iría desde los 60° S hasta los 60° N, más que los extremos de un suave gradiente. Hábitats tropicales fuera de la zona de rudistas, tales como el Ecuador en Sudamérica o a lo largo de la costa africana, presentan tasas de extinción no superiores a las observadas en Norteamérica o el norte de Europa. Y cabe recordar, como hemos discutido antes, que todas estas regiones no sólo muestran índices de extinción similares, sino también tipos de selectividad semejantes. La zona de rudistas podría ser una excepción, con procesos de extinción ligados a su hábitat específico (o con una fuerte componente ecológica) que ciertamente fueron más severos que los que se observan en el resto de la biosfera. Es importante estudiar más profundamente este fenómeno, ya que cualquier evidencia clara de la existencia de una selectividad condicionada por el hábitat va a añadir una nueva dimensión en nuestra comprensión de los efectos a largo plazo de las extinciones en masa, tanto en el registro fósil como en nuestra amenazada flora y fauna actuales. Pero recuérdese que todavía no puede afirmarse con seguridad que la extinción de los rudistas y comunidades asociadas tuviese lugar justo al final del periodo Cretácico. Algunos han sostenido que en realidad tuvo lugar tal vez un millón de años antes. Caso de confirmarse esta opinión, entonces la extinción del final del Cretácico mostraría una asombrosa homogeneidad a lo largo de todo el mundo, al menos por lo que respecta a los invertebrados.

Tan sorprendente como el carácter global de las extinciones es la reciente evidencia de que la recuperación posterior no es globalmente homogénea. Por ejemplo, la intensidad y el patrón de la extinción fue remarcablemente similar en Norteamérica y en el norte de Europa, pero la recuperación en las dos regiones siguió rutas diferentes. Muchos autores han puesto de manifiesto la explosión evolutiva que tiene lugar con posterioridad a una extinción en masa, y Erle Kauffman se ha referido a ello en su artículo. Pero lo que yo quiero discutir brevemente aquí es un análisis comparativo entre las faunas europeas y norteamericanas en la fase de recuperación posterior al Cretácico, para destacar este aspecto adicional del papel evolutivo de las extinciones en masa. Para ello he estado examinando las faunas del periodo Paleoceno, el intervalo de diez millones de años que sigue inmediatamente después de la extinción del Cretácico. La plataforma costera norteamericana presenta un abundante registro fósil para este intervalo, analizado en 1988 por Thor Jansen en la revista *Paleobiology*. También he compilado datos de las faunas europeas, basándome en las colecciones de diferentes museos de Gran Bretaña, Francia, Bélgica, Dinamarca y Polonia, así como de mis propias conclusiones sobre faunas de localidades adicionales de Alemania y Ucrania cuyas descripciones ya han sido publicadas.

Como he dicho antes, las dos regiones difieren en sus patrones de recuperación. En Norteamérica, Hansen fue el primero en analizar los grupos de la epifauna, es decir, aquellos que viven en la superficie del sedimento o adheridos a las rocas u otras conchas, tales como las ostras, los mejillones y las veneras. Este autor descubrió que la mayor parte de estos grupos sufrieron severas extinciones en el límite entre el Cretácico y el Terciario. Pero encontró una excepción: las ostras de la familia ostreidos (relacionadas con la actual *Ostrea edulis*) presentaban un incremento relativo en el Paleoceno inferior, el cual declinaba a partir de ese punto de una manera lenta y errática. Pero el patrón en las faunas europeas era diferente (figura 3). Los grupos de la epifauna sufrieron algunas pérdidas, pero tales pérdidas fueron menos severas y ya en el Paleoceno inferior existía una amplia diversidad de linajes, incluyendo a los grifeidos, los espondílidos, los anomiídos, los plicatúlidos y los cámidos. Pero los ostreidos no presentan un incremento especial, e incluso muestran un hiato durante el Paleoceno inferior.

Hansen también analizó los moluscos filtrantes que son excavadores superficiales. Encontró que la mayor parte de estos grupos sufrieron tasas elevadas de extinción y un gran declive en su diversidad relativa que persistió hasta 10 millones de años después de la extinción. La excepción la constituyen tres familias de lo que él llama «taxones florecientes». Juntos, estos tres grupos constituyen cerca del 5% de la fauna del Cretácico superior, y se disparan hasta cerca del 27% en las faunas del Paleoceno inferior. Pero de nuevo este patrón falla en Europa (figura 4). Los excavadores superficiales de Hansen, severamente disminuidos como grupo en Norteamérica, permanecen estables en Europa, aunque con algún recambio. Y podemos observar que a los taxones florecientes no les pasa nada en especial en Europa. Constituyen cerca del 4,5% de la fauna poscretácica en Europa, de manera semejante a Norteamérica. Pero disminuyen lentamente, no con diferencias estadísticamente significativas, y entonces permanecen estables, a excepción de un pequeño incremento del 5,5% de la fauna. Este incremento, que de nuevo no es estadísticamente significativo, es generado por la espectacularmente rica y bien estudiada fauna del Montiense de Bélgica. Si omitimos esta fauna y recalculamos los datos usando otras localidades de la misma edad, el máximo desaparece completamente.

Por el contrario, consideremos los bivalvos excavadores profundos de la superfamilia Lucinacea. Este grupo es interesante porque algunos miembros alojan bacterias simbióticas que facilitan la nutrición del hospedador por quimiosíntesis. En Norteamérica, poca cosa pasa con este grupo en el límite Cretácico-Paleoceno: forman un pequeño componente de la fauna, el 1,5 %, no más de cinco especies por localidad. Pero en Europa la situación es muy diferente, sin que ello pueda

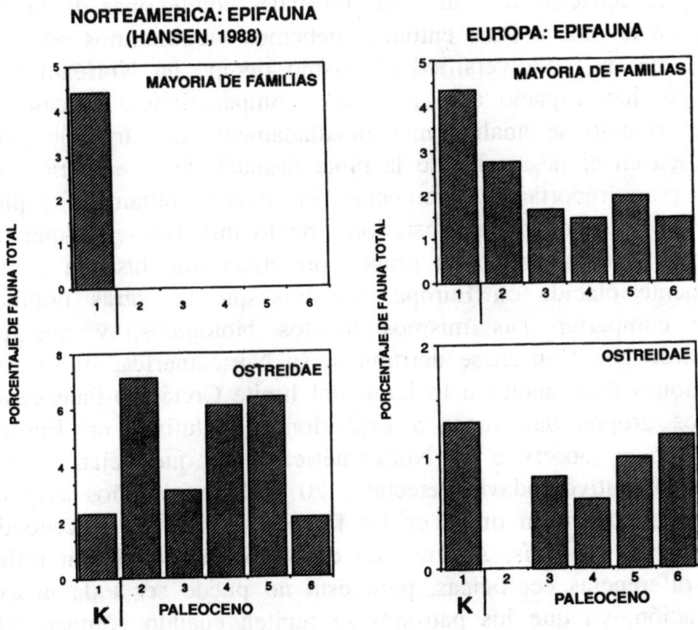

Figura 3. La comparación entre los patrones faunísticos de Norteamérica y Europa muestra que los bivalvos que viven en sedimentos superficiales (= epifauna) presentan diferentes pautas de recuperación después de la extinción del final del Cretácico. Los ejes horizontales están aproximadamente divididos en segmentos de 2 millones de años, K = Cretácico terminal, Paleoceno = primer estadio del periodo Terciario.

atribuirse a la diferente práctica taxonómica en cada continente. Después de la extinción, este grupo se diversifica en cerca de una docena de linajes, con cerca de veinte especies coexistentes en cada intervalo de tiempo. Hay un máximo significativo justo por encima del límite Cretácico-Paleoceno, y después el grupo decae hasta constituir un 5% de la fauna. El patrón recuerda a los «taxones florecientes» de Hansen. Resulta tentador tratar de explicar el éxito de este grupo a principios del Paleoceno en función de su quimiosimbiosis, que podría haber sido particularmente ventajosa en el momento de la crisis del plancton. De confirmarse, éste sería otro ejemplo de preadaptación al azar a las inusuales condiciones de la extinción en masa. Pero entonces debemos preguntarnos por qué el grupo no se diversificó al mismo tiempo en Norteamérica.

No hay espacio aquí para más comparaciones. El caso es que, cuando se analiza más detalladamente la variación geográfica en el desarrollo de la biota después de la extinción, se observan importantes diferencias. En Europa faltan las explosiones y contracciones posteriores de lo que Hansen llama taxones florecientes. Estos grupos presentan una historia relativamente plácida en Europa, mientras que las otras familias que comparten sus mismos hábitos biológicos, y que de acuerdo con Hansen se derrumban en Norteamérica, sufren extinciones más suaves a lo largo del límite Cretácico-Paleoceno. Otros grupos dan lugar a explosiones evolutivas en Europa que no se observan en Norteamérica, pero que dejan un legado evolutivo todavía detectable 20 millones de años después de la extinción en masa, en las famosas faunas del Eoceno de la cuenca de París. Algunos de estos contrastes podrían reflejar diferencias ecológicas, pero ésta no puede ser toda la explicación, ya que los patrones se repiten cuando comparamos ambientes deposicionales semejantes.

Incluso si descartamos una explicación estrictamente ecológica para las diferencias observadas en los distintos rebrotes, quedan numerosas alternativas. Un factor importante podría ser la estructura biogeográfica de las dos biotas, es decir, qué número de endemismos proclives a la extinción contienen y que grupos ecológicos están representados en ellos. La predicción sería que los endemismos norteamericanos, pero no los europeos, corresponderían sobre todo a excavadores superficiales, muchos de los cuales se habrían perdido en Norteamérica, lo que por su parte habría permitido una rápida radiación a partir de los supervivientes. En pequeña medida, esta radiación de los moluscos remeda la explosión evolutiva de los mamíferos después de la extinción de los dinosaurios. Por otro lado, el azar podría haber jugado también su papel, así como cualquier otro aspecto de la biología de las poblaciones, de la ecología o de la distribución de hábitats que todavía no hubiese sido examinado. Por ejemplo, no todos los bivalvos lucináceos pre-

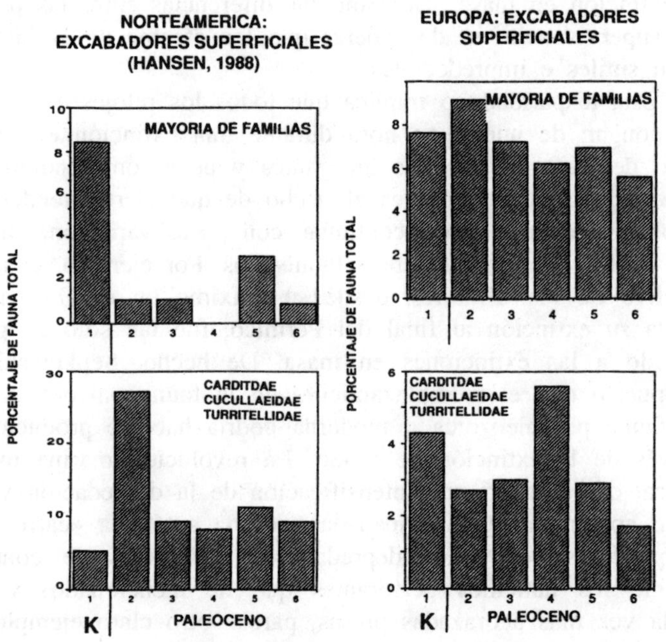

Figura 4. La comparación entre los patrones faunísticos de los moluscos excavadores superficiales filtradores de Norteamérica y Europa presentan distintas pautas de recuperación después de la extinción finicretácica. Nótese que los grupos florecientes de Norteamérica no muestran una gran explosión evolutiva en Europa. El eje horizontal está aproximadamente dividido en segmentos de 2 millones de años, K = Cretácico terminal, Paleoceno = primer estadio del periodo Terciario.

sentan simbiontes, y es posible, e incluso testable, que algunas formas europeas hubiesen desarrollado ya esta asociación, mientras que los linajes norteamericanos todavía no. Dado que las extinciones en masa no son al azar, cualquier tipo de episodio evolutivo anterior a dichas extinciones influirá en la manera en que los distintos segmentos de la biota resisten y se recuperan de las extinciones. El estado del sistema cuando se produce el impacto —sea cual sea el tipo de impacto— es extremadamente importante 'para determinar su respuesta. Pero dada la disparidad entre los regímenes de extinción de fondo y extinción en masa, así como las diferencias entre las pautas de supervivencia, es de esperar que los efectos de la historia sean sutiles e impredecibles.

Esta disparidad no implica que todos los relojes evolutivos se pongan de nuevo en hora durante una extinción en masa. Uno de los aspectos más intrigantes y peor comprendidos de las extinciones en masa es el hecho de que ciertas tendencias evolutivas a largo plazo continúan con pocas variaciones a pesar de los grandes recambios faunísticos. Por ejemplo, el largo declive de los trilobites, desde su máximo en el Ordovícico hasta su extinción al final del Pérmico, fue tan sólo en parte debido a las extinciones en masa. De hecho, Sepkowski ha propuesto que el reemplazamiento de la fauna paleozoica por la fauna pospaleozoica o moderna podría haberse producido a través de la extinción de fondo. La revolución marina mesozoica, que implicó una intensificación de la depredación y estuvo aparentemente acompañada por una auténtica «carrera de armamentos» entre los depredadores perforantes de conchas (como los natícidos perforantes que he mencionado) y sus cada vez más acorazadas presas, parece otro claro ejemplo de ello.

Pero incluso en el caso de estas tendencias a largo plazo, las extinciones en masa parecen haber jugado un papel subsidiario. Las relativamente estables pautas de diversificación a largo plazo de los bivalvos muestran súbitas interrupciones seguidas de estallidos de diversidad en las extinciones del final del Pérmico y del final del Cretácico. Arnold Miller y Jack Sepkoski opinan que estos estallidos representan momentos de radiación sin restricciones en ausencia de las interacciones que normalmente inhiben el cambio evolutivo en extenso. Si esto es así, entonces las extinciones en masa pueden haber jugado un significativo papel a nivel de las líneas y de las innovaciones evolutivas. Los momentos de rebrote proporcionan escenarios de radiación libre, en los que las innovaciones evolutivas pueden ser fijadas y nuevas zonas adaptativas ocupadas con relativa independencia del papel preeminente que juega la competencia durante los tiempos de extinción de fondo.

Otro patrón evolutivo a largo plazo que parece trascender

las extinciones en masa es la tendencia a ocupar aguas más profundas observada en muchos grupos de invertebrados. David Bottjer y yo mismo hemos mostrado que la mayoría de órdenes con buen registro fósil tienden a originarse en ambientes de aguas poco profundas, se expanden sobre la plataforma continental y en algunos grupos, como los crinoideos pedunculados o lirios de mar, se restringen a una distribución exclusivamente de aguas profundas. En lo esencial, sin embargo, estas expansiones y retracciones no muestran una relación temporal con los periodos de extinción en masa. No obstante, las extinciones en masa pueden interrumpir estas tendencias a largo plazo y tal vez retrasar su progreso durante millones de años. La extinción del final del Ordovícico, por ejemplo, eliminó los primeros bivalvos que invadieron los ambientes de mar abierto después de su diversificación en ambientes costeros. Como grupo, los bivalvos volvieron a expandirse por la plataforma continental, pero algunos de los taxones pioneros que quedaron esquilmados durante el episodio de finales del Ordovícico nunca volvieron a recuperarse. Diferentes pautas emergen a diferentes niveles jerárquicos.

Conclusiones

A la luz de los resultados que hemos analizado aquí, tenemos que concluir que el hecho de que algunos grupos inicialmente poco importantes pasen a ser dominantes no implica una innovación adaptativa o una superioridad competitiva. Un grupo que experimente pérdidas al igual que muchos otros, pero que vuelva a radiar más rápidamente impidiendo la diversificación de otros supervivientes, puede devenir dominante únicamente por el hecho de haber sido el primero en hacerlo. Por otro lado, las nuevas radiaciones pueden tener su origen en aquellos taxones que han resultado relativamente poco afectados por una extinción en masa, como por ejemplo en el caso de los mamíferos placentarios después del declive de los dinosaurios. A la larga, los grupos más persistentes y diversificados pueden ser aquellos en los que nuevas adaptaciones y otros rasgos favorecidos por la extinción de fondo se encuentren asociados a rasgos que favorezcan la supervivencia durante las extinciones en masa. Tales conexiones accidentales, como por ejemplo la capacidad para perforar conchas y un amplio rango geográfico, pueden ser extremadamente importantes durante los más bien raros pero extensos episodios de extinción en masa.

La misma rareza de estos episodios de extinción tiene implicaciones evolutivas. Dado que estas extinciones en masa son tan infrecuentes y están tan distanciadas en el tiempo geológico, los linajes no pueden realmente adaptarse a ellas y, por tanto, no necesariamente retendrán aquellos rasgos que les permitieron sobrevivir al último episodio de extinción durante las decenas de millones de años que faltan para la siguiente extinción en masa. Se trata de algo así como de un análogo macroevolutivo de la deriva genética que se produce como respuesta a un relajamiento de la selección. Por ejemplo, ser endémico constituye un inconveniente durante las extinciones en masa, pero los supervivientes ampliamente extendidos frecuentemente dan lugar a nuevas formas endémicas después de la extinción. En los tiempos en que predomina la extinción de fondo, el número de líneas con muchas especies puede incrementarse con independencia de su rango geográfico, con respecto a aquellas líneas pobres en especies pero muy expandidas geográficamente. La extinción de fondo puede fácilmente eliminar subgrupos como los que presentan un amplio rango geográfico pero con pocas especies, que son los que tienen una mayor probabilidad de sobrevivir a una extinción en masa. A la inversa, otros grupos pueden perder sus representantes más vulnerables durante una extinción en masa y rediversificarse a partir de los supervivientes que sí han retenido su resistencia a la extinción en masa. La retención de la resistencia a la extinción podría explicar por qué algunos grupos varían tanto en su comportamiento durante las diversas extinciones en masa. Por ejemplo, el orden de bivalvos Pholadomyoidea se vio drásticamente reducido en el episodio de finales del Pérmico, pero no durante el del final del Triásico, 40 millones de años después. El análisis del comportamiento de los grupos concretos a través de las sucesivas extinciones en masa es otro campo de investigación que necesita una mayor atención.

En conclusión, las extinciones en masa no parecen corresponder a simples intensificaciones de la extinción de fondo. Tienden a eliminar no sólo más linajes, sino también linajes distintos de aquellos que resultan eliminados durante los tiempos normales. Cualesquiera que sean los rasgos que confieren resistencia durante la extinción en masa (por ejemplo, una amplia distribución geográfica al nivel genérico), estos están débilmente correlacionados con aquellos rasgos que facilitan la supervivencia y la diversificación durante las épocas normales, de manera que las extinciones en masa van a interrumpir las pautas evolutivas y de dominancia de algunos taxones. Son muchos los tipos diferentes de especies que sobreviven a las extinciones en masa, pero el resultado final se parece mucho a un mundo dominado por ratones, maleza y cucarachas —o sus equivalentes marinos—. Al eliminar o reducir los grupos dominantes, las extinciones en masa crean oportunidades para la diversificación de taxones que eran elementos menores de la biota antes de la extinción. Es probablemente gracias a esto que hoy día somos los mamíferos los que leemos y escribimos libros, y no los dinosaurios. Al mismo tiempo, las extinciones en masa pueden eliminar innovaciones evolutivas de alto valor selectivo si tales rasgos son fijados por linajes que a su vez carecen de los rasgos que proporcionan resistencia a la extinción.

Los linajes, sin embargo, no son estáticos, y su capacidad para resistir a las extinciones en masa puede asimismo cambiar con el tiempo. La proporción relativa de taxones que presentan rasgos que confieren resistencia a la extinción ciertamente cambia durante la historia de los grandes grupos, y puede cambiar reiteradamente y no sólo en una única dirección o tendencia. Además, los rasgos que influyen en la supervivencia durante las extinciones en masa varían a un nivel taxonómico relativamente bajo —recuérdese lo dicho acerca de la distribución geográfica a nivel de género—. Y cuando hemos hablado del rebrote después de la extinción, diferentes grupos con hábitos de vida similares reaccionaban de diferentes maneras. Ello implica que el análisis de las extinciones en masa entre órdenes o clases (por ejemplo, comparando los bivalvos como grupo con los gasterópodos como grupo, o los equinoideos con los crinoideos) dará lugar normalmente a resultados confusos o ambiguos. Incluso los amonites, conocidos por sus rápidas expansiones y declives evolutivos, contienen líneas de baja diversidad y amplia duración. No es de sorprender que estas líneas de baja diversidad estuviesen en cambio muy expandidas geográficamente y fuesen las que sobrevivieron o las últimas en desaparecer en la extinción en masa.

Esta variabilidad entre linajes permite explicar por qué las pautas de recuperación varían entre distintas regiones. Y aquí tampoco hubiésemos podido predecir qué grupos habrían tenido éxito durante los diez primeros millones de años de recuperación, en base a su éxito relativo inmediatamente después de la extinción en masa. Esto vale tanto para los grupos de moluscos que he discutido en detalle como para la primera diversificación de los mamíferos tras la extinción de los dinosaurios o el restablecimiento de las comunidades arrecifales después de cada episodio de extinción. En el futuro, el análisis comparativo de las distintas recuperaciones ha de constituir un elemento importante en la comprensión del papel evolutivo de las extinciones en masa.

Por múltiples motivos, pues, la evolución puede canalizarse en direcciones que no son predecibles a partir de las situaciones imperantes durante los tiempos normales de extinción de fondo. Es necesario considerar un abanico más amplio de hipótesis al analizar la historia de los taxones superiores y de las grandes adaptaciones. Tan sólo hemos comenzado a explorar el papel potencial de aquellos procesos de extinción a caballo entre la extinción de fondo y la extinción en masa que tal vez no encajen del todo en este esquema. He aquí un desafío interesante.

Referencias

Donovan, S.K., ed., 1989, *Mass Extinctions: Processes and Evidence,* Columbia University Press, Nueva York.

Elredge, N., ed., 1992, *Systematics, Ecology and the Biodiversity Crisis,* Columbia University Press, Nuev York.

Jablonski, D., 1989, «The biology of mass extinction: A paleontological view», *Philosophical Transactions of the Royal Society of London,* 325B, págs. 357-368.

Jablonski, D., 1991, «Extinctions: A paleontological perspective», *Science,* 253, págs. 754-757.

Mallory, K. y L. Kaufman, eds., 1993, *The Last Extinction,* MIT Press, Cambridge, Mass.

Raup, D.M., 1991, *Extinction: Bad Genes or Bad Luck?,* W.W. Norton, Nueva York.

Raup, D.M. y D. Jablonski, 1993, «Geography of end-Cretaceous marine bivalve extinctions», *Science.*

Stanley, S.M., 1987, *Extinction,* Scientific American Books, Nueva York.

Coloquio

Andrew Coen: ¿Por qué cree usted que un amplio grado de dispersión geográfica no confiere ningún tipo de ventaja frente a las extinciones durante los intervalos con extinción de fondo? Dado que presumiblemente las especies están compuestas por grupos de poblaciones, cabría esperar que ello confiriese condiciones más ventajosas para la supervivencia de las especies.

David Jablonski: No he dicho que una amplia distribución geográfica de las especies no sea importante para los niveles de extinción de fondo, lo que importa es la distribución geográfica durante las extinciones en masa. Lo que encontré es que, durante los intervalos normales, la distribución geográfica de las especies afectaba a la supervivencia de los géneros, pero durante la extinción en masa este efecto desaparecía. La explicación más lógica para ello reside en la escala de la perturbación. En los tiempos normales la supervivencia se basa en la existencia de algún tipo de refugio (como, por ejemplo, islas oceánicas). Ello implica que «hay que guardar los huevos en más de un cesto». Ahora bien, durante las extinciones en masa cada hábitat, cada régimen es perturbado de tal manera que el nivel de variación geográfica que presenta cada especie no es suficiente para resguardarlas de sus efectos.

Andrew Coen: Entonces, lo que ocurre es que la variación de las especies individuales se ve sobrepasada. Por tanto, no se trata de un modelo según el cual una gran variación geográfica otorga resistencia frente a la extinción. Lo que pasa es que no queda ninguna especie que tenga un nivel de variación suficiente para protegerse de la magnitud del episodio de extinción.

David Jablonski: Este es un planteamiento posible, pero el problema es que es muy difícil establecer el rango de los distintos taxones, debido a la existencia de discontinuidades, afloramientos deficientes, cambios de facies de una región a otra, etcétera. Esto es lo que ocurre cuando nos trasladamos fuera de Norteamérica, en donde existe una buena continuidad lateral, y también se pueden hacer algunas cosas a lo largo del norte de Africa, pero ya empieza a ser difícil. Otra solución es tomar los límites de distribución de las especies con mayor extensión geográfica, pero aun así no hay suficientes datos que permitan contar con una muestra estadísticamente firme.

Antonio Fontdevila: Relacionado con este argumento de la variación geográfica ¿cree usted que la probabilidad de extinción depende de la variabilidad genética o fenotípica de cada linaje? Si existe una correlación entre la variabilidad dentro de un género y la diversidad de especies que engloba, la diversidad genética o fenotípica podría llegar a ser tan elevada que permitiese superar las adversidades ambientales causantes de una extinción en masa, de manera que siempre habría alguna especie dentro del género que podría sobrevivir.

David Jablonski: Esta es, desde luego, una posibilidad. Es un tema complejo, ya que muchos géneros ricos en especies desaparecen durante las extinciones en masa. Como he comentado, una mayor diversidad de especies no proporciona resistencia frente a la extinción en masa. Según su punto de vista, un género que tenga especies en distintas provincias posiblemente en algún lugar tendrá alguna especie que pueda resistir al cambio ambiental. Este planteamiento es correcto, aunque la diversidad genética en sí no creo que sea un factor de supervivencia. Pero lo que sí podría ser un factor positivo es la variedad de fisiologías que se pueden encontrar en un género con especies repartidas en muchas áreas.

David G. Jenkins: Las especies que sobreviven a una extinción en masa como la del límite Cretácico-Terciario ¿tienen un mayor número de individuos cuando se comparan con las especies que se extinguieron? Estudios recientes han demostrado que las especies vivientes de foraminíferos planctónicos que viven en áreas de alta productividad tienen duraciones más largas.

David Jablonski: Sí, probablemente sea un efecto de la abundancia, o al menos parece razonable. Muchos trabajos, que van desde plantas a aves, han mostrado que existe una buena correlación entre abundancia local y rango de distribución geográfica. Aunque el factor más importante en este caso fuese la distribución geográfica y no la abundancia local, tal correlación existe y es difícil afirmar cuál de los dos es el más decisivo. Dudo que el tamaño de la población en sí mismo sea particularmente importante, con respecto al acervo genético, dado el tamaño de las poblaciones de que hablamos. En ambientes muy restringidos del Pacífico Sur, la población es de billones de individuos, con una fantástica cantidad de variabilidad genética en organismos eucariotas. Con estos tamaños de población existe una cantidad enorme e inimaginable de variabilidad genética para jugar con ella, puesto que es la recombinación y no la mutación el factor más importante a la hora de generar variabilidad genética, sobre todo a corto plazo. Dudo que el número de alelos en una población sea importante en este caso, pero lo que sí puede jugar un papel significativo es la variabilidad genética fijada a lo largo de una serie de especies semejantes.

Antonio Fontdevila: Entiendo que cuando usted habla de preadaptación, está usando el sentido darwiniano del término, es decir, una variabilidad producida a través de los métodos clásicos de mutación y recombinación que puede ser explotada en un tiempo futuro cuando las condiciones ambientales cambien. ¿Considera usted la posibilidad de que cuando tiene lugar un cambio ambiental, lo cual implica un cambio en la estructura de la población de las especies, pueda darse una probabilidad diferencial para fijar nuevas mutaciones, en el contexto de una nueva estructura de la población? Es más ¿ha pensado en la posibilidad de que las tasas de mutación puedan cambiar cuando se pasa a condiciones de mayor estrés ambiental? Si no ¿a qué se refiere cuando habla de cambio de papeles (o de reglas) en la evolución durante las extinciones en masa?

David Jablonski: Por lo que se refiere a la preadaptación y el papel de la mutación, es probable que el tamaño de las poblaciones cambie, que las mejores poblaciones sobrevivan y que otros segmentos de la especie no sobrevivan. Ello implicaría ciertamente un cambio en el entorno genético y es posible que favoreciera una fijación de las mutaciones aparecidas en ese momento por parte del superviviente. No creo que haya ninguna razón para pensar que la tasa de mutación en sí misma se incrementara necesariamente, pero se podría imaginar una situación por la cual mutaciones que normalmente estuviesen en una situación de desventaja pasasen a fijarse en los momentos en que hubiese pocas especies disponibles. Cuando hablo de cambio en las reglas de la extinción me refiero a que a lo largo de decenas de millones de años hay una serie de rasgos que favorecen la supervivencia de los linajes evolutivos. Pero durante las extinciones en masa, estos rasgos particulares dejan de afectar a la supervivencia de las especies. Creo que lo que ocurre es que durante los intervalos normales de extinción de fondo, lo que afecta a la supervivencia es una mezcla de muchos factores. Pero durante la extinción en masa, la mayor parte de estos factores ya no aseguran la supervivencia y lo único que se mantiene es la amplitud geográfica de los géneros.

Jordi Agustí: Me pregunto si la historia evolutiva de una especie o de un grupo de especies en el momento previo a la extinción podría influir en su capacidad para sobrepasar la barrera. Por ejemplo, en el caso de un grupo que hubiese estado muy extendido pero que justo antes de la extinción hubiese reducido su rango de distribución geográfica.

David Jablonski: Totalmente, creo que esto es muy importante. El tiempo crítico con que un taxón debe anticiparse a una extinción en masa es algo muy difícil de determinar. Creo que el verdadero, o uno de los verdaderos mensajes que se desprende de mis datos es que el estado de la biota, el estado del linaje particular y su situación antes de la extinción, tienen un papel muy importante en su supervivencia. Puede que no sea un factor importante durante los intervalos normales, pero si su rango geográfico se amplía muy al principio de su historia, ello puede jugar un papel muy importante en su supervivencia. Si estos caracoles que podían hacer agujeros en la concha de los bivalvos hubiesen tenido la suerte de repartirse por todo el mundo probablemente habrían sobrevivido. Pero la suerte hizo que se concentrasen en el norte de Italia, y esto los hizo muy vulnerables. Estoy seguro de que es muy importante lo que ocurre inmediatamente antes de la extinción.

Jordi Agustí: Con respecto a la selección a nivel de especie, de su trabajo se desprende que este tipo de selección jerárquica habría jugado un papel importante durante los episodios de extinción en masa, en el sentido de que algunos de los factores que ha apuntado como propensos a la extinción es, por ejemplo, el carácter endémico de las especies. ¿Cabe hablar aquí de selección a nivel de especie? Aunque tal vez sea simplificar un tanto el proceso ¿podría concluirse que los intervalos con extinción de fondo estarían caracterizados por un tipo de selección natural normal (esto es, individual), mientras que en los periodos de extinción en masa se caracterizarían por una mayor incidencia de la selección a nivel de especie?

David Jablonski: Desde luego esto es posible. Creo que la selección a nivel de especie y otros procesos jerárquicos operan continuamente. Existe la selección natural a nivel de organismo pero también existe la selección a nivel de especie. Pero estoy de acuerdo con usted en que mis datos sugieren que la selección a un nivel más alto tiene especial relevancia durante las extinciones en masa. De nuevo quiero remarcar que la selección individual sigue actuando durante la extinción en masa, pero estos datos sugieren que hay que pensar también en términos jerárquicos y considerar la selección a nivel de especie. Concentrarse tan sólo en el nivel de los organismos individuales es perderse parte de la historia. Nos perdemos la comprensión de los procesos evolutivos a gran escala.

La extinción en masa del Pérmico y su impacto evolutivo

Douglas H. Erwin

Introducción

La extinción del final del Pérmico ha tenido un papel decisivo para la comprensión de la historia de la vida. Dicha extinción marca la transición de las comunidades suspensívoras del Paleozoico hacia las comunidades marinas del Mesozoico-Cenozoico dominadas por equinoideos, cangrejos y moluscos más móviles. En tierra firme, la flora paleofítica fue reemplazada por la flora mesofítica y los anfibios cedieron su puesto a una gran diversidad de grupos reptilianos. Los insectos sufrieron su mayor extinción cerca del límite Pérmico-Triásico, cuando desaparecieron los grupos de paleópteros (con alas fijas).

Ya en los albores de la geología se reconoció que este intervalo es uno de los más singulares en la historia de la vida. Cuando John Phillips, profesor de geología en Oxford entre muchas otras actividades, describió las eras paleozoica, mesozoica y cenozoica en 1840, lo hizo en base a las faunas fósiles características de cada intervalo. Aunque Cuvier reconoció la existencia de extinciones en masa a principios del siglo XIX, estas no fueron objeto de mayor atención hasta mediados de siglo. Phillips creía que cada uno de los tres grupos faunísticos constituía una creación independiente en un sistema natural análogo al *System Naturae* de Linneo. En su clásico *Life on the Earth*, publicado en 1860, Phillips reconoció la importancia de las extinciones en masa de finales del Pérmico y de finales del Cretácico. De cualquier modo, lo que no está generalmente reconocido es la ambivalencia de Phillips sobre el papel de estos episodios en la historia de la vida, una ambivalencia compartida hoy en día por muchos paleontólogos. En el frontispicio de *Life on the Earth,* Phillips representó el cambio en abundancia relativa, no absoluta, de ocho clases principales de invertebrados marinos. No hay grandes discontinuidades entre el Paleozoico y el Mesozoico, o entre el Mesozoico y el Cenozoico. Phillips dividió estas clases en tres grupos, uno para el Paleozoico, otro para el Mesozoico y otro para el Cenozoico. En el límite Paleozoico-Mesozoico su ilustración muestra el declive gradual de la fauna paleozoica, la expansión de la fauna mesozoica durante el Paleozoico y su predominio durante el Mesozoico y la posterior expansión de la fauna cenozoica. Desde esta perspectiva, la extinción en masa juega un papel pequeño, si es que lo juega, en el declive de la fauna paleozoica y la aparición de la fauna mesozoica.

Llama la atención que el trabajo de Phillips nos resulte tan familiar. Jack Sepkoski, de la Universidad de Chicago, ha usado los estudios de diversidad de familias marinas para caracterizar modelos evolutivos a gran escala. Sepkoski, al igual que Phillips, reconoció tres grupos faunísticos: una fauna cámbrica dominada por trilobites, braquiópodos inarticulados y unas pocas rarezas más; una fauna del resto del Paleozoico compuesta de braquiópodos articulados, briozoos estenolemados, equinodermos pelmatozoos y algunos grupos más; y siguiendo a la extinción en masa del final del Pérmico, vemos la aparición de la fauna moderna con formas más móviles, incluyendo bivalvos, gasterópodos, cangrejos, equinoideos y peces. Contrariamente a Phillips, Sepkoski no encontró diferencias grandes entre la diversidad marina del Mesozoico y la del Cenozoico.

Analizando el trabajo de Sepkoski, uno podría fácilmente malinterpretar que la extinción en masa de finales del Pérmico fue el periodo crítico en la transición de las faunas evolutivas del Paleozoico a las modernas. En efecto, la desaparición del 79% de las familias pertenecientes a las faunas paleozoicas durante la extinción, contrastada con la extinción de sólo el 27% de las familias en las faunas posteriores, sugiere que la citada extinción jugó un papel crucial. Como veremos, Sepkoski y otros han desarrollado algunos argumentos sólidos para sugerir que, en realidad, la extinción en masa de finales del Pérmico tuvo poca importancia en la transición hacia la fauna moderna, puesto que ésta había reemplazado prácticamente a la paleozoica ya en el Ordovícico. La extinción pudo haber acelerado el proceso, pero influyó poco en el resultado final.

A mi entender, esta controversia nos lleva al fondo de uno de los temas más fascinantes de la biología evolutiva: los modelos a gran escala de la historia de la vida ¿están accionados por regularidades recurrentes que no se ven afectadas por catástrofes ocasionales o cualquier posibilidad de un modelo general se ve anulada por los caprichos caóticos de la vida? La extinción en masa del final del Pérmico no tiene parangón en la historia de la vida. Si ni siquiera dicho episodio pudo destruir las tendencias evolutivas, ya ningún otro podrá. Así, la extinción del final del Pérmico no sólo fue uno de los episodios más importantes del Fanerozoico, sino que también está llamado a jugar un papel crítico en una de las cuestiones más importantes de la biología evolutiva.

El presente trabajo se centra en la naturaleza de la extinción en masa del final del Pérmico, empezando por la estructura de la extinción en sí misma, las características de las secciones marinas más relevantes, el marco geológico, geoquímico y climático durante el Pérmico superior y las causas probables de la extinción. Finalmente, volveré a la pregunta planteada por Phillips y Sepkoski: ¿Cuál fue el papel de este episodio en la historia de la vida?

La extinción marina

En las secciones del Guadalupiense, que abarcan el final del Pérmico, de las 525 familias marinas existentes se extinguieron 267, el 49%. Según Sepkoski, alrededor del 70% de los géneros desapareció. Recordemos que ninguna otra extinción en masa ha llegado a los niveles alcanzados por este episodio. Aproximadamente el 50% de los géneros marinos desapareció al acabar el Cretácico y un 57% lo hizo durante la extinción en masa del Ordovícico. Los niveles de extinción específica se evalúan usando una técnica conocida como análisis de rarefacción. En 1979 Dave Raup, de la Universidad de Chicago, calculó que alrededor del 96% de todas las especies marinas se extinguió, pero esta proporción probablemente esté sobreestimada por causas metodológicas. Una cifra más plausible sería entre el 85 y el 90 por ciento.

Como ya he señalado antes, la extinción afectó a unos grupos más que a otros. Se vieron particularmente afectados los taxones de la epifauna sésil que se alimentaba por filtración, incluyendo los braquiópodos articulados, los equinodermos pelmatozoos y los briozoos estenolemados. Incluso desaparecieron los escasos grupos de gasterópodos de la epifauna sésil. Otros taxones se vieron también fuertemente afectados. Por ejemplo, los foraminíferos fusulínidos, restringidos a aguas marinas poco profundas (menos de 20 metros de profundidad) desaparecieron, mientras que otros foraminíferos no fusulínidos sufrieron una extinción familiar bastante por debajo del 50%. La mayoría de los clados de bivalvos y gasterópodos sólo sufrieron una extinción moderada.

El conjunto de taxones marinos lo podemos dividir en cinco grupos diferentes, basándonos en su respuesta a la extinción (figura 1). Los conodontos, los foraminíferos no fusulínidos, los bivalvos, los cefalópodos nautiloideos y los gasterópodos belerofóntidos continuaron a través del límite sin apenas verse afectados. Por el contrario los blastoideos, los crinoideos con cámaras y los corales tabulados iniciaron su declive mucho antes del límite, tal vez debido a la desecación de algunas cuencas marinas cuando la regresión del Pérmico superior se aceleró. Un tercer grupo empezó su declive a inicios del Pérmico superior, pero perduró dentro del Djulfiense con diversidad reducida. Este grupo incluye los trilobites aún persistentes, los briozoos, los corales rugosos y algunos grupos de crinoideos. El cuarto grupo, con los fusulínidos, los braquiópodos articulados, los amonoideos y algunos grupos de gasterópodos que fueron componentes importantes de las faunas del Pérmico superior, sufrieron una fuerte extinción en el Pérmico terminal.

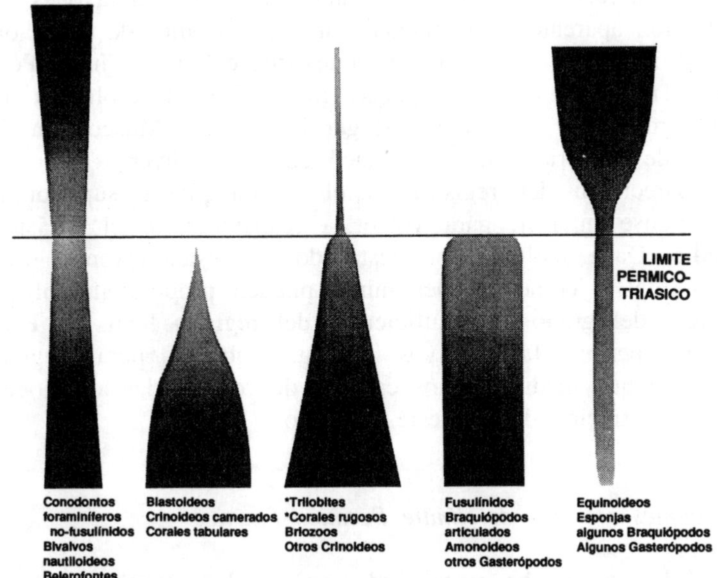

Figura 1. Los cinco modelos principales de extinción y supervivencia durante el Pérmico superior y Triásico inferior, tal como se describen en el texto.

Finalmente, algunos de los clados restantes de gasterópodos, equinoideos, esponjas y diversos grupos de braquiópodos articulados que tuvieron una representación menor durante el Pérmico superior resurgieron con fuerza durante la recuperación del Triásico.

Esta imagen de la extinción se complica por factores diversos. Primero, las correlaciones globales del Pérmico están plagadas de incertidumbres, aunque recientemente algunos de estos problemas parecen encontrarse en el umbral de su resolución. Estas incertidumbres persistentes hacen difícil determinar la tasa de extinción y en qué medida esto ocurrió más rápidamente en algunas regiones. Hay evidencias que sugieren que la extinción empieza antes en el supercontinente Pangea que en el sur de China, que era un bloque aislado tectónicamente. En segundo lugar, hay problemas de muestreo que tienden a falsear la extinción, dando lugar tanto a taxones de extinción aparentemente gradual como a episodios de extinción catastrófica. La escasez de secciones que cubran el límite Pérmico-Triásico contribuye a hacer más difícil la resolución de este problema. Tal y como Roger Batten, del Museo Americano de Historia Natural, destacó en 1973, diversos taxones desaparecieron del registro en el Guadalupiense superior o Dzulfiense inferior, para volver a reaparecer en el Triásico medio. Dave Jablonski ha destacado que estos taxones «Lázaro», tal y como les denominó, pueden proporcionar algún indicio del grado de insuficiencia del registro fósil del Pérmico superior. Hay motivos más que sobrados para preguntarse en qué medida somos capaces de comprender los modelos de extinción durante este intervalo.

Secciones marinas del límite Pérmico-Triásico

Tal como ya he mencionado, quizás el obstáculo más importante que dificulta una mayor comprensión de esta extinción es la falta de buenas secciones marinas a través del límite Pérmico-Triásico. Los numerosos hiatos existentes a través de este límite fueron producidos, sin lugar a dudas, por una regresión marina que empezó durante el Guadalupiense y se aceleró durante las edades Dorashamiense y Changxingiense (figura 2). Existen estimaciones que sugieren que la regresión máxima tuvo lugar cerca del límite, con un descenso global del nivel del mar de quizás 200 metros. La superficie de los continentes cubierta por las aguas pasó de ser de alrededor del 45% a alrededor del 10%. Esta parece haber sido la regresión marina más extensa de todo el Fanerozoico. Hay trabajos recientes que sugieren que en el sur de China, y quizás también en el oeste de Tethys, cerca de los Alpes, la regresión del mar acabó mucho antes del límite Pérmico-Triásico. Inmediatamente después de la regresión del mar tuvo lugar una rápida transgresión, y antes de que concluyera el Triásico inferior el nivel del mar volvió al punto de partida en el Guadalupiense superior siendo, de lejos, la transgresión mas rápida del Fane-

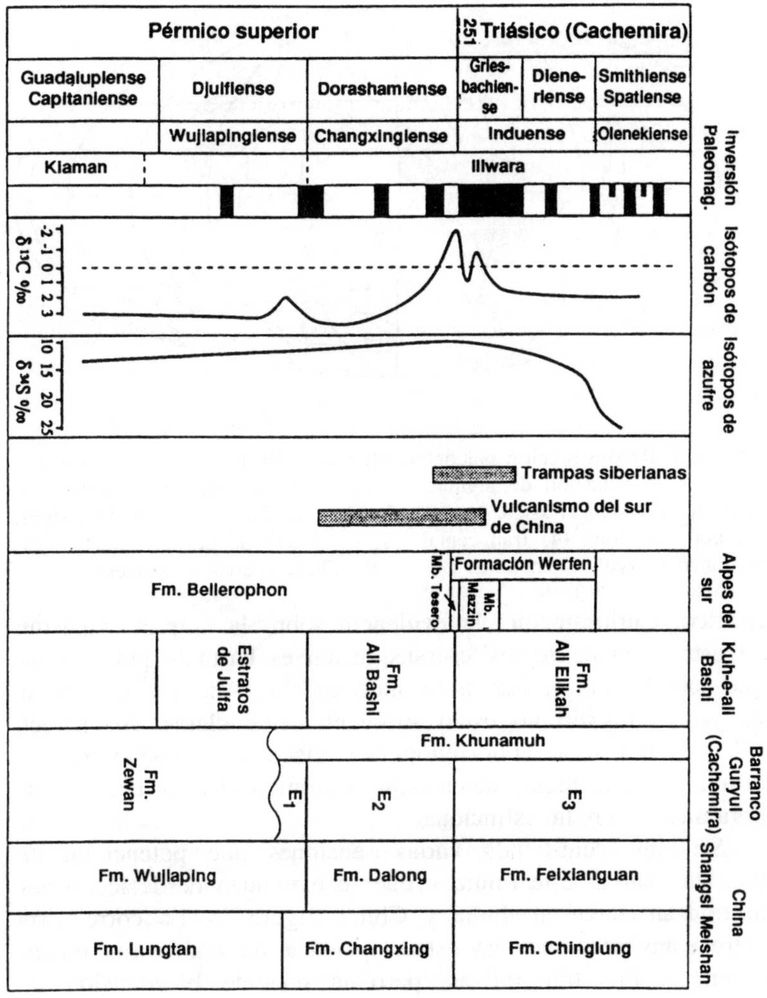

Figura 2. En esta figura se muestran los eventos geológicos y geoquímicos durante el Pérmico superior y el Triásico inferior, junto con las relaciones bioestratigráficas entre las principales secciones cubriendo el límite Pérmico-Triásico en los Alpes, Kuh-e-ali Bashi, Irán, Cachemira y dos de las secciones más importantes en el sur de China. Los esquemas isotópicos se basan en el trabajo de W.T. Holser y colaboradores.

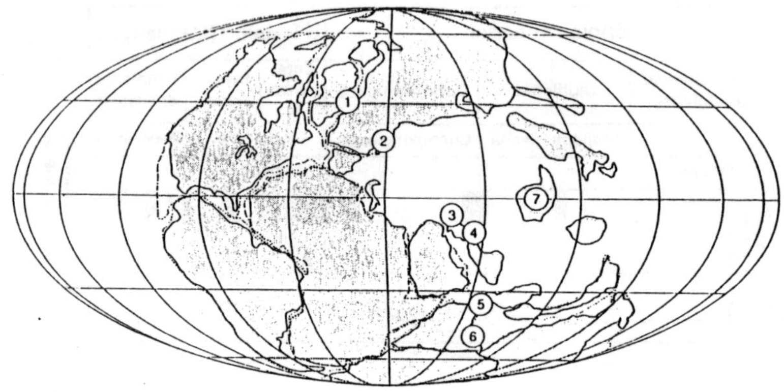

Figura 3. Reconstrucción paleogeográfica del Pérmico superior (hace 255 Ma) con la situación de algunas de las secciones principales cubriendo el límite Pérmico-Triásico. (1) este de Groenlandia; (2) sur de los Alpes; (3) norte de Irán; (4) Irán cental; (5) Cordillera de la sal, Pakistán; (6) Barranco Guryul, Cachemira; (7) sur de China (varias secciones).

rozoico. Curiosamente, la evidencia sobre la amplia extensión de este ciclo de regresión-transgresión es bastante pobre, aunque actualmente se está trabajando en ello. Además, las causas de esta extinción no están suficientemente claras. No parece haber sido causada por fenómenos glacioeustáticos* y resulta difícil detectar algún mecanismo tectónico que coincida temporalmente con la extinción.

Se han identificado varias secciones que potencialmente podrían abarcar este límite y que se extienden desde los Alpes hasta Irán, Pakistán, India y China (figura 3). La correlación entre estas secciones ha estado plagada de numerosas incongruencias bioestratigráficas, pero la reciente biozonación de Walter Sweet mediante conodontos parece haber resuelto la mayor parte de estas dificultades.

No discutiré cada una de estas secciones en detalle, pero

---

* Glacioeustatismo es aquel mecanismo de acumulación o fusión de hielo en los polos que provocará una bajada o subida del nivel del mar respectivamente. *(N. del T.)*

104

sí quisiera hacer hincapié en algunas de las características de las secciones del sur de China. Allí se han descrito más de 40 secciones en detalle, muchas más de las existentes en el resto del mundo. La formación Changxing engloba el límite Pérmico-Triásico y se extiende por gran parte del sur de China. La parte superior de dicha formación está marcada por una capa delgada de arcilla que se encuentra ampliamente distribuida. Este nivel de arcilla incluye cuarzos bipiramidales, microesférulas, fragmentos de vidrio y una geoquímica que consiste en polvo volcánico derivado de un magma rico en sílice (magma riolítico). La capa arcillosa está coronada por unos delgados niveles de pelitas, unos 20 o 30 cm de dolomía y un delgado nivel de arcillita. Esta unidad contiene tres asociaciones diferenciadas conocidas como «las faunas mezcladas». Estas faunas combinan braquiópodos de tipo pérmico y bivalvos y amonoideos de tipo triásico, aunque hay trabajos recientes que demuestran que estos amonoideos «triásicos» aparecen por debajo del límite y no tienen una afinidad verdaderamente triásica. De todos modos, las asociaciones faunísticas mezcladas son bastante características. Estas faunas representan una respuesta ecológica muy extendida a un periodo de condiciones ambientales adversas durante el Pérmico terminal. El polvo volcánico, muy extendido en las series del sur de China, está ausente en otras regiones, pero la asociación faunística mezclada es bastante diagnóstica del límite Pérmico-Triásico.

Otro marcador del límite ampliamente extendido es un rápido descenso en la proporción de C^{13} de alrededor de 4 unidades. En el sur de China, tal desplazamiento ocurre muy repentinamente, pero en el sur de los Alpes, Bill Holser ha mostrado un desplazamiento isotópico más complicado. La complejidad de las secciones alpinas sugiere que pueden estar menos condensadas que las del sur de China.

La extinción terrestre

¿Qué ocurrió en el ámbito terrestre? ¿Con qué severidad se vieron afectados los animales y las plantas en tierra firme?

Esta información aporta importantes claves sobre el mecanismo de extinción, puesto que una extinción terrestre muy difundida descartaría totalmente aquellos mecanismos que afectan únicamente el ámbito marino.

Un conjunto de episodios de extinción afectó a los tetrápodos durante el Pérmico y el Triásico. Al final del Pérmico, unas 27 familias desaparecieron, representando éstas el 75% de la diversidad total. Si lo analizamos con más detalle vemos que hay una reducción del 67% de los anfibios y un 78% de extinción entre los «reptiles», aunque estos últimos eran con mucho más significativos. Datos recopilados por Des Maxwell y Mike Benton demuestran que cerca del final del Pérmico ocurrió una importante extinción global de vertebrados, aunque los datos no están lo suficientemente trabajados como para establecer el grado de correlación de este episodio con la extinción marina.

El análisis de modelos de extinción en las plantas plantea muchas dificultades si no se dispone de material bien conservado en secciones terrestres continuas, lo que no es el caso del límite Pérmico-Triásico. Por ahora sólo existen evidencias circunstanciales de una extinción en masa entre las floras terrestres. Después de la glaciación del Carbonífero, durante el Pérmico inferior, el clima global empezó a calentarse. Ello conllevó el declive de la flora paleofítica, dominada por pteridospermas de hoja ancha, cordaitales y helechos pecoptéridos, que cedieron su lugar a una flora mesofítica basada en coníferas, ginkgos, cicadáceas y nuevos grupos de pteridofitas y pteridospermas. Esta transición tuvo lugar en diferentes momentos y regiones como respuesta a las variaciones climáticas, pero no parece que haya estado asociada a los acontecimientos del límite Pérmico-Triásico. De todos modos, cerca de este límite se da un marcado cambio polínico. En muchas secciones marinas se ha distinguido un intervalo enriquecido en esporas de hongos, que en apariencia indica una alteración de los ecosistemas terrestres a corto plazo.

De hecho, los insectos son quienes aportan los mejores datos sobre la extinción terrestre. Al igual que las plantas y los animales marinos, las asociaciones de insectos paleozoicos y postpaleozoicos se pueden diferenciar fácilmente. Según Conrad Labandiera y Jack Sepkoski, en el Pérmico se han descrito 27 órdenes de insectos, de los cuales ocho desaparecieron y otros siete sufrieron una considerable reducción en su diversidad durante el Pérmico superior. A título de comparación, podemos mencionar que desde el Pérmico superior hasta la actualidad sólo se han extinguido uno o dos órdenes de insectos. La mayoría de los órdenes que se extinguieron se conocen colectivamente como paleópteros, es decir, aquellos grupos en los cuales las alas no se replegaban sobre el cuerpo como en los grupos de insectos más modernos. La extinción del final del Pérmico parece haber sido un acontecimiento crucial en la historia de los insectos.

En resumen, aunque los datos terrestres no estén todavía resueltos con precisión, demuestran que la extinción del final del Pérmico abarcó tanto los ambientes marinos como los terrestres, aunque el ámbito marino parece haberse visto más severamente afectado.

El marco físico de la extinción

En general no parece que el Pérmico superior fuera un periodo con muchos cambios tectónicos, climáticos o geoquímicos (figura 2). Algunos de estos cambios estuvieron, sin lugar a dudas, relacionados con la extinción, aunque queda por resolver cuál fue su frecuencia exacta. Otros cambios ocurrieron durante un lapso de tiempo mucho más largo que la extinción, pero podrían haber establecido las bases para dicha extinción.

El episodio geológico más importante de este periodo fue la formación del supercontinente Pangea cerca del final del Pérmico inferior. Algunos millones de años después, Pangea empezó a fragmentarse en diversos microcontinentes, incluyendo el sur de China, que se separó del margen nordeste de Gondwana. Pangea se volvió a formar cerca del final del Triásico, cuando la mayoría de estas piezas colisionaron con Siberia para formar Asia. Hay muchas hipótesis que han relacionado la extinción en masa con la formación de Pangea, pero ésta ya se había formado decenas de millones de años antes de la extinción y después aún perduró durante varias decenas de millones de años. Está claro que la formación de Pangea en sí misma no pudo ser la causa de la extinción. De todas formas, las grandes masas continentales tienen un pronunciado efecto en el clima, efecto que se ve incrementado por la formación de supercontinentes. Entre estas consecuencias climáticas está el aumento de las temperaturas en el interior de los continentes y las fluctuaciones climáticas extremas. La regresión del final del Pérmico habría producido un aumento considerable de estas inestabilidades climáticas en Pangea.

En el Pérmico superior finaliza un largo periodo de polaridad magnética estable, conocido como supercron Kiaman. Aproximadamente al mismo tiempo empezó una fase de vulcanismo piroclástico a gran escala en el sur de China, seguido de poco y hasta el límite Pérmico-Triásico por las coladas de basaltos siberianos, la más grande emisión de basalto de todo el Fanerozoico. Las coladas de basalto siberianas cubren una superficie de $2,5 \times 10^6$ km^2 hasta una profundidad que puede llegar a los 3 km. Estimaciones recientes sugieren que las coladas de basalto pueden ser el resultado de una erupción que durase menos de 1 millón de años, aunque hace falta un análisis más profundo para establecer la edad y duración de este ciclo eruptivo. A modo de comparación podemos mencionar que las coladas de Deccan, en la India, tienen unas dimensiones inferiores a su tercera parte y son el resultado de erupciones que abarcan un periodo de tiempo más largo. Diversos geólogos han intentado relacionar las extinciones, los cambios de polaridad, el aumento del vulcanismo, la formación de Pangea y las coladas de basalto con cambios en la dinámica del manto, concretamente con la formación de una gran corriente de convección térmica cerca del límite del núcleo terrestre y su posterior erupción en el límite Pérmico-Triásico. A pesar de la innegable atracción que generan las teorías que intentan relacionar fenómenos tan diversos, estas aún carecen de un apoyo firme. El Pérmico superior fue un claro intervalo de cambio geológico concentrado.

Las investigaciones geoquímicas recientes, muchas llevadas a cabo por Bill Holser y sus colegas, han demostrado desplazamientos rápidos de los isótopos de carbono, azufre, oxígeno, estroncio y cerio cerca del límite Pérmico-Triásico. La señal isotópica del carbono se ha analizado en más de 20 secciones que cubren un área que va desde Groenlandia hasta el sur de China a través de la región del proto-Tethys. Estos análisis, con una excepción, reproducen un patrón congruente de cambio de isótopos más pesados en el Pérmico superior a isótopos más ligeros en el Triásico inferior.

Estas variaciones isotópicas indican la oxidación de un volumen masivo de carbono orgánico. Se han propuesto diversas posibilidades para explicar tal episodio, incluyendo la erosión y oxidación de material orgánico de las plataformas continentales durante la regresión marina. Otras sugerencias incluyen un rápido aporte de dióxido de carbono volcánico, oxidación de la biomasa viviente o drásticas reorganizaciones de los océanos anóxicos estratificados. Varios autores han relacionado tal oxidación con el calentamiento global y una reducción en la presión parcial del oxígeno atmosférico. Dado que se conocen los incrementos de C^{13} para esta variedad de fuentes, es relativamente fácil calcular el volumen requerido para que cada una de ellas produjera un desplazamiento global de $+3$ a $-1‰$ en el océano. Una vez realizado este cálculo y comparado con las proporciones de aporte probable y tamaño de sus reservas, resulta evidente que sólo la liberación de hidrocarburos volátiles o la oxidación de materia orgánica enterrada en las plataformas podrían acarrear el cambio observado. La causa más probable del desplazamiento del carbono fue la liberación de hidrocarburos volátiles de las plataformas continentales externas.

Hoy en día los hidrocarburos son una de las reservas más importantes de carbono, con un volumen que se estima en 10 000 gigatones. Los hidrocarburos se vuelven inestables durante las regresiones marinas al reducirse la presión suprayacente. Puesto que el metano representa un incremento de C^{13} de alrededor de $-60‰$, sólo se necesita liberar 2000 gigatones a lo largo de un millón de años para provocar un desplazamiento de C^{13} de la magnitud observada en el límite Pérmico-Triásico. Cuando hice estos cálculos, estaba seguro de que había encontrado la causa de la extinción en masa, puesto que el metano es un gas invernadero mucho más poderoso que el dióxido de carbono, aunque se convierte rápidamente en dióxido de carbono. Desgraciadamente, cuando determiné el impacto de este metano en las temperaturas globales, resultó que, al alza, sólo sería de unos pocos grados centígrados, muy poco como para justificar la extinción. Además, resulta que la reducción de oxígeno atmosférico fue sólo de un pequeño porcentaje, también demasiado escaso como para haber causado una extinción tan generalizada. De todas formas, este ejercicio sugiere que el desplazamiento isotópico está relacionado con la liberación de metano y no con la extinción en sí misma.

¿Qué causó la extinción?

La mayoría de las explicaciones recientes sobre el episodio biológico del final del Pérmico se centran en los diversos efectos climáticos y biológicos de la gran regresión marina al final del período, incluyendo la desestabilización climática, la destrucción del hábitat, el hundimiento del ecosistema y la restricción y agotamiento de los nutrientes. En el pasado se han relacionado las fluctuaciones de la regresión y los cambios climáticos con la formación de Pangea. Como ya se ha apuntado antes, Pangea se formó decenas de millones de años antes de la extinción y perduró durante una parte del Jurásico. Está claro que Pangea en sí misma no estuvo involucrada en la extinción en masa, aunque las consecuencias climáticas de la regresión (incremento del albedo,* estacionalidad, etcétera) podrían haber sido acrecentadas por la existencia del supercontinente. A pesar de que durante los últimos años han ido aumentando las evidencias que abogan por una extinción

---

* Proporción de luz que refleja un planeta o satélite respecto a la que recibe. (*N. del T.*)

rápida tal como se observa en el sur de China, aún está por aclarar hasta qué punto esto refleja un modelo global.

El descubrimiento en 1979 de iridio y cuarzo de impacto en el límite Cretácico-Terciario fue el detonante de una búsqueda imparable de otros indicadores de impactos extraterrestres por todo el registro fósil. Este trabajo recibió un auge considerable en base al enunciado de Raup y Sepkoski, para quienes el modelo de extinciones es periódico y empieza con la extinción del Pérmico-Triásico. Incluso a pesar de los informes de diversos grupos chinos a mediados de la década de los ochenta, no hay evidencia alguna de un enriquecimiento de elementos del grupo del platino en el límite Pérmico-Triásico, ni se ha descubierto ningún cuarzo de impacto. Se han obtenido microesférulas en varias secciones del sur de China, pero su origen parece ser más volcánico que extraterrestre. Así pues, por ahora no existe evidencia alguna de un impacto extraterrestre en el límite Pérmico-Triásico. Por supuesto, la ausencia de iridio sólo restringe el posible impacto a una determinada clase de meteoritos, pero si tal impacto se hubiese producido también deberían encontrarse cuarzos de impacto.

El vulcanismo generalizado del sur de China y las coladas de basalto de Siberia se han relacionado recientemente con la extinción a través de un enfriamiento global a corto plazo y una caída de la producción primaria. Pero es improbable que el vulcanismo piroclástico fuese el mecanismo desencadenante de la extinción. Como ya mencioné, en el Changxingiense del sur de China se registran varias erupciones piroclásticas y la magnitud de la erupción en el límite Pérmico-Triásico fue de alrededor de 1000-4000 Km^3, cifra que entra perfectamente dentro del rango de las diversas erupciones piroclásticas del Cretácico que están bien datadas y no produjeron efectos apreciables de carácter biótico regional o global. Finalmente, a diferencia del desplazamiento isotópico del carbono en el límite Cretácico-Terciario, el del Pérmico-Triásico no se debió simplemente a una reducción drástica de la productividad primaria de las aguas superficiales, sino que refleja un proceso a escala oceánica global.

Resulta difícil determinar el impacto de las coladas basálticas siberianas. En general, las coladas basálticas no producen una columna pliniana que inyecte polvo y gases en la estratosfera, como sí lo hacen las erupciones piroclásticas. Todo hace pensar que, fuese cual fuese la rapidez de la erupción siberiana, esta debió de ser más violenta de lo común, tal y como lo sugieren diversas evidencias geológicas. Recientemente Campbell ha argumentado que la erupción inyectó grandes volúmenes de dióxido de azufre en la atmósfera, induciendo un enfriamiento global, lluvia ácida y una regresión marina generalizada como consecuencia de la formación de un casquete de hielo polar. Los datos paleomagnéticos preliminares sugieren que la mayor parte de la erupción transcurrió durante el Triásico inferior. De hecho no existe evidencia alguna de la presencia de un casquete de hielo polar ni de enfriamiento global. Es más, en grandes volúmenes los sulfatos tienden a flocular y reducen la densidad óptica de la atmósfera incrementando la caída de partículas en suspensión. Así pues, aunque todo hace pensar en una correlación entre la erupción de las coladas de basalto y la fase final de la extinción en masa, es difícil determinar cual fue el mecanismo de extinción.

Todo ello me sugiere dos posibles escenarios para esta extinción: el primero, la extinción empezó durante el Dorashamiense con el inicio de la regresión marina y la primera fase de extinción en los océanos sería el fruto del efecto combinado de la desecación de las cuencas marinas (lo que eliminó muchos endemismos), la reducción de la diversidad de hábitats y un incremento de la estacionalidad. Las extinciones terrestres habrían sido mayores debido al rápido incremento de la estacionalidad, particularmente en el interior de Pangea, a medida que la regresión se aceleró y quedó más superficie continental expuesta. La aparentemente rápida extinción del sur de China puede corresponder tanto a una sección condensada (acelerando la aparente rapidez de la extinción) como a un episodio biológico regional que diezmó una fauna que, de otro modo, podría haber repoblado Pangea una vez superadas las condiciones adversas en el supercontinente.

El segundo escenario resalta la importancia del llamado

efecto de Signor-Lipps, que falsearía los modelos de extinción produciendo un registro aparentemente gradual para efectos muy rápidos o incluso catastróficos. Hoy ya no estoy tan seguro como lo estuve en su día de que esta posibilidad sea completamente imposible. Tal mecanismo requeriría de algún agente que actuase rápidamente tanto en el mar como en los continentes, con un alto grado de selectividad ecológica y que además sabemos que estuvo relacionado con la rápida regresión cerca del límite Pérmico-Triásico.

El hecho es que en toda esta cuestión aún no disponemos de información suficiente como para poder discriminar entre estos dos escenarios distintos.

El impacto evolutivo de la extinción en masa

John Phillips asumió que la extinción en masa del final del Pérmico fue la causa más importante de la transición de las faunas marinas paleozoicas a las mesozoicas, posición reflejada en su definición de las tres eras del Fanerozoico y que fue aceptada por la mayoría de los paleontólogos posteriores. Esta conclusión aparentemente obvia ha sido puesta en duda por la introducción de modelos de equilibrio de diversidad global. Jack Sepkoski, Jennifer Kitchell y otros han mostrado que el esquema de tres conjuntos faunísticos puede ser simulado adecuadamente mediante modificaciones específicas en el tiempo en un modelo cinético de tres fases; en tal modelo cada conjunto faunístico tiene una tasa evolutiva y un nivel de equilibrio de la diversidad intrínsecos. Los resultados de la simulación sugieren que la sustitución de los conjuntos faunísticos del Paleozoico por parte de los del Mesozoico ya estaba en camino mucho antes de la extinción y se hubiese producido incluso si la extinción en masa no hubiera llegado a producirse.

Las evidencias que apoyan este modelo proceden del análisis de la historia evolutiva de diversos grupos a lo largo del gradiente mar abierto-litoral. Sepkoski y Miller lograron demostrar que los elementos de los tres conjuntos faunísticos del

Cámbrico, Paleozoico y Pospalozoico se originaron en áreas cercanas a la costa, desplazándose progresivamente hacia la zona de mar abierto. Estos autores representaron la distribución de distintas comunidades bentónicas marinas a lo largo de un sencillo gradiente bidimensional mar abierto-litoral y usaron un análisis estadístico de pautas de diversidad dentro de cada comunidad para demostrar que las faunas sucesivas desplazaron progresivamente a las faunas más viejas más allá de la plataforma continental. Durante el Pérmico, el conjunto faunístico de tipo Cámbrico estaba confinado principalmente a zonas de talud y la fauna del Paleozoico estaba restringida a porciones medianas y externas de la plataforma. Estos resultados sugieren que el desplazamiento progresivo de las faunas fue parte de un proceso evolutivo ya en camino que no estaba relacionado con los episodios de extinción en masa y respaldan las conclusiones del modelo de diversidad en equilibrio de Sepkoski. De todas formas, los datos también se pueden interpretar argumentando que parte de la plataforma continental ocupada por comunidades dominadas por moluscos (el conjunto faunístico moderno) se expandió como respuesta a la extinción en masa del final del Devónico y se mantuvo constante, a grandes rasgos, durante el Paleozoico superior.

Jablonski encontró una relación sinérgica entre la diversidad de especies y la amplitud geográfica en los gasterópodos y bivalvos del Cretácico superior de la plataforma costera del Golfo. Esta relación desapareció durante la extinción del final del Cretácico, llevando a Jablonski a proponer una alternancia de regímenes macroevolutivos en los cuales la selección producida durante las extinciones en masa se basaba en características irrelevantes para los intervalos en que predominaba la extinción de fondo entre dos extinciones masivas. Esta propuesta tiene importantes implicaciones para la evolución, porque si las extinciones en masa condicionan la estructura de la historia de la vida, una alternancia en los regímenes macroevolutivos sugeriría que la mayoría de la evolución adaptativa que tiene lugar durante los tiempos de fondo se puede considerar irrelevante respecto a la extinción en masa. De todas formas, análisis similares de asociaciones de gasterópodos pérmicos del suroeste de Estados Unidos no han mostrado ninguna alternancia de regímenes macroevolutivos, lo que sugiere que dicha alternancia parece limitada a la extinción de finales del Cretácico.

En 1984 Raup y Sepkoski propusieron que las extinciones de familias marinas desde el Pérmico hasta la actualidad han tenido lugar con una periodicidad de unos 26 millones de años. La extinción en masa de finales del Pérmico es el primero y más importante episodio en este ciclo, lo que hace pensar en un encadenamiento entre las diversas extinciones, particularmente entre la de finales del Pérmico y la de finales del Cretácico. Está claro que no hay ninguna razón que explique claramente por qué el modelo de extinción debería ser similar en cada caso, pero lo que es particularmente desconcertante es la magnitud de las diferencias entre estas dos extinciones. Estas extinciones difieren marcadamente en duración y selectividad taxonómica y económica, dando lugar a preguntas sobre cómo ambas podrían, entonces, reflejar un mismo mecanismo subyacente.

Los modelos de equilibrio de la diversidad, la migración entre el mar y la costa de los grupos, la hipótesis de Jablonski sobre el régimen macroevolutivo de alternancia y el modelo de extinción periódica demuestran que la influencia de las extinciones en masa sobre la historia de la vida es mucho más compleja de lo que Phillips pensó. De todos modos, la conclusión de Phillips permanece intacta: la extinción en masa de finales del Pérmico fue, quizás, el episodio marino más importante que tuvo lugar entre el origen de los metazoos y la actualidad.

Expectativas

La mayoría de las preguntas más relevantes sobre la extinción en masa de finales del Pérmico han sido resueltas por los trabajos recientes sobre el límite Pérmico-Triásico y sobre la extinción en sí misma. Por primera vez, las correlaciones globales del Pérmico y superior están avanzando firmemente y la estructura de este límite está bien establecida. El trabajo de Bill Holser y sus colegas sobre los episodios geoquímicos cerca del límite Pérmico-Triásico han dado lugar a un registro detallado de los cambios en los isótopos de carbono, oxígeno, azufre y cerio, mejorando enormemente nuestro conocimiento sobre la química de la atmósfera y de los océanos durante este intervalo. Los esfuerzos combinados de numerosos geólogos han aumentado en gran medida nuestro conocimiento de los episodios geológicos del Pérmico superior y del Triásico inferior.

A pesar de estos esfuerzos, muchas cuestiones importantes, de hecho vitales, permanecen sin resolver. En muchos sentidos nuestro conocimiento de la extinción en masa del final del Pérmico es equivalente al conocimiento que se tenía sobre la extinción en masa de finales del Cretácico a principios de la década de los ochenta. No quisiera predecir hasta qué punto se va a producir en este campo también un estallido de información semejante, pero el trabajo reciente ha establecido las bases que permitirán resolver muchas de estas cuestiones pendientes y los próximos años prometen ser apasionantes.

Las preguntas más relevantes son las siguientes:

1. ¿Cuál fue la magnitud de la regresión marina del Pérmico superior y la posterior transgresión y hasta qué punto el desplazamiento del C^{13} sigue la trayectoria de la regresión?

2. ¿El ritmo de extinción fue igual de rápido en Pangea que en el sur de China, o fue más rápido en el sur de China?

3. ¿Jugaron los factores y otros efectos biogeográficos algún papel en la extinción?

4. Otra cuestión relacionada con toda esta problemática es la presencia de taxones Lázaro que desaparecieron hacia finales del Pérmico para reaparecer en el Triásico medio. ¿Dónde estaban, y qué aspectos ecológicos, biogeográficos o de otra índole propiciaron su supervivencia?

5. Finalmente, un análisis taxonómico y bioestratigráfico de mayor calidad (tanto terrestre como marino) permitirá un modelo más detallado de la naturaleza de la extinción.

La cuestión más importante que preocupó a John Phillips,

y que ha atraído la atención de tantos paleontólogos, aún persiste: ¿Qué diferencias introdujo la extinción en masa del final del Pérmico en la historia de la vida? Para muchos taxones la respuesta parece clara: la extinción eliminó muchos grupos anteriormente dominantes, grupos que no presentaban ningún signo de «haber seguido el camino equivocado», y durante la recuperación posterior muchos otros grupos menores se expandieron y apareció una gran variedad de nuevos taxones. Al mismo tiempo hay algo de verdad en la otra perspectiva de Phillips, que Sepkoski ha defendido más recientemente, según la cual algunas de las tendencias evolutivas a largo plazo establecidas a principios del Paleozoico continuaron a través de la extinción sin verse afectadas. Las restantes preguntas clave hacen referencia a los efectos evolutivos de las extinciones en masa en los modelos a largo plazo de la historia de la vida y a la naturaleza de las radiaciones evolutivas después de la extinción.

Referencias

Erwin, D.H., 1993, *The Great Paleozoic Crisis: Life and Death in the Permian,* Columbia University Press, Nueva York.

Wignall, P.B. y A. Hallam, 1993, «Griesbachian (Earliest Triassic) paleoenvironmental changes in the Salt Range, Pakistan and southeast China and their bearing on the Permo-Triassic mass extinction», *Palaeogeography, Palaeoclimatology, Palaeoecology,* 102, págs. 215-237.

Raup, D.M., 1991, *Extinction: Bad Genes or Bad Luck?*, Norton, Nueva York.

Sepkoski, J.J., Jr., 1989, «Periodicity in mass extinction and the problem of catastrophism in the history of life», *Journal of the Geological Society of London,* 146, págs. 7-19.

Sweet, W.C., Z.Y. Yang, J.M. Dickins y H.F. Yin, 1992, *Permo-Triassic Events in the Eastern Tethys,* Cambridge University Press, Cambridge.

Coloquio

Antonio Fontdevila: En su modelo, Jablonski nos habló de la relación entre la distribución geográfica y la probabilidad de extinción, a nivel de géneros. ¿Encuentra usted unas pautas semejantes durante la extinción del Pérmico-Triásico?

Douglas H. Erwin: De hecho, Jablonski y yo estamos básicamente de acuerdo en lo que se refiere a los efectos de las extinciones en masa. A pesar de los problemas de muestreo, los datos que he presentado sugieren que las pautas que aseguran la supervivencia durante los intervalos de extinción de fondo (gran riqueza en especies y amplia distribución geográfica de las especies), continúan facilitando la supervivencia a través del límite Pérmico-Triásico. En este aspecto mis datos sobre gasterópodos difieren de lo que encuentra Jablonski en otros episodios de extinción.

Eustaquio Molina: ¿Podría estar relacionada la extinción del Pérmico-Triásico con el estancamiento y posterior mezcla de aguas anóxicas en el océano? ¿Ha encontrado que los pobladores de aguas someras resultasen menos afectados?

Douglas H. Erwin: Al contrario. Las comunidades bentónicas de aguas someras resultaron incluso más severamente afectadas que las faunas más distales. Por ejemplo, entre los foraminíferos del Pérmico superior, los fusulínidos resultaron enteramente barridos. La mayoría de fusulínidos estaban en profundidades inferiores a 20 o 50 metros, mientras que los fusulínidos más distales, muchos de los cuales superaron la extinción, tuvieron una tasa de extinción más baja. Si nos fijamos en otros grupos, también en ellos la fauna costera resultó más intensamente afectada. Efectivamente, uno o varios episodios anóxicos como los que usted menciona podrían explicar este dato, pero lo curioso es que no hay una evidencia consistente de anoxia en el límite Pérmico-Triásico. Si usted se fija en el sur de China, la mayoría de secciones muestra un modelo fluctuante de oxidación-reducción hasta el límite y luego las evidencias posteriores de anoxia se encuentran muy por encima de este límite, en el Triásico inferior. Hay que tener en cuenta muchos otros factores, tal y como ha comentado Jablonski, ya que lo que observé entre los gasterópodos, en términos de alternancia de pautas de extinción, fue que una alta diversidad específica y una amplia distribución geográfica a nivel de especie sí que favorecían la supervivencia.

Andrew Coen: Hay dos maneras de enfocar los fenómenos de extinción: una primera dominantemente física y otra más biológica. ¿Tiene usted datos que apoyen más una explicación que otra?

Douglas H. Erwin: Creo que los hay, pero por el momento son todavía poco seguros debido al problema del muestreo. Por ejemplo, entre los equinodermos (los blastoideos y algunos crinoideos) o entre los briozoos, existen datos relativamente fiables que indican que se extinguieron bastante antes del gran episodio de extinción. No se encuentran en faunas posteriores, ni siquiera en las secciones del sur de China. Por lo tanto, existen evidencias de que las faunas empezaron a verse afectadas antes de lo que se piensa. Tal vez esta alteración en la diversidad estuviera relacionada con una regresión marina. En cualquier caso, la extinción durante todo el intervalo se debió a un gran número de causas complejas.

Jordi Agustí: Me parece sospechoso que después de la crisis se encuentre aquello que cabría esperar antes de la crisis. Los grupos que empezaban a diversificarse antes de la crisis son precisamente los que luego se diversifican efectivamente tras aquella.

Douglas H. Erwin: De hecho, es verdad. Si nos fijamos en los moluscos gasterópodos, yo hubiera predicho que los belerofóntidos, que casi no sufren ninguna variación durante el episodio de extinción, se habrían desarrollado bien después del mismo. Otro grupo por el que habría apostado son los zigopléuridos, unos caracoles de concha enrollada. Pero este grupo, en cambio, sufrió la segunda tasa más alta de extinción entre los distintos grupos, de manera que sólo una especie logró traspasar el límite Pérmico-Triásico. Ahora bien, ya en el Triásico dos nuevas familias se originaron a partir de esta especie y a partir de ahí tuvo lugar una gran radiación de formas. Por lo tanto, creo que es muy difícil apostar como ganadores por unos u otros. Un factor que podría haber favorecido la supervivencia, aparte el diseño anatómico, es la tasa de especiación. Los belerofóntidos tuvieron tasas de especiación muy bajas durante el Pérmico, con especies que sobrevivieron durante largo tiempo. Por el contrario, los zigopleúridos tuvieron una tasa de recambio muy alta durante el mismo periodo, con especies que se reemplazan con mucha rapidez y que complican mucho su sistemática.

David Jablonski: De hecho, se ha observado que en otros grupos, como los cefalópodos, fue esta alta tasa de especiación lo que les permitió expandirse por el despoblado mundo del Triásico inferior y diversificarse rápidamente. Quizás lo que ocurre simplemente es que, una vez superadas las adversidades de la crisis, existe una gran cantidad de espacios vacíos para llenar. Los grupos que superaron la crisis fueron los que tuvieron la primera oportunidad para llenar estos espacios vacíos.

Douglas H. Erwin: Esto es lo que cabría esperar en principio. Sin embargo, en la parte alta del Triásico inferior sólo hay dos o a lo sumo tres especies de zigopleúridos, pero la diversificación es muy posterior, durante el Triásico medio y superior. Y los belerofóntidos, que cruzaron la crisis sin apenas verse afectados, no se diversificaron en absoluto posteriormente, no les sirvió de nada.

Antonio Fontdevila: Cuando usted ha comparado las faunas tropicales con las faunas que encuentra en Wyoming, entiendo que está comparando dos tipos diferentes de elementos, unos generales y otros marginales. Me refiero a la marginalidad en términos de adaptación y como un factor que puede favorecer la supervivencia cuando el ambiente cambia rápidamente y se produce algún tipo de adversidad. Por su bajo número, las especies o poblaciones marginales serían capaces de incorporar la innovaciones evolutivas que se requieren para adaptarse a nuevas condiciones ambientales adversas.

Douglas H. Erwin: Creo que es difícil definir la marginalidad en términos que sean testables y útiles. Si entendemos la marginalidad en términos de endemismo, entonces diré que los taxones endémicos no parecen soportar bien los episodios de extinción masiva. Cuantas más especies tenga distribuidas un género en un mayor número de áreas, más ventajosa será su posición durante la extinción. Ciertamente, no creo que el carácter endémico o marginal de una población ayude mucho. Cuando estudié la paleoecología de la cuenca pérmica de Texas, encontré una gran variedad de ambientes distintos, poblados por los géneros que sobrevivieron a la extinción dos millones de años después. Los géneros que tienen especies en un mayor número de ambientes distintos tienen más probabilidades de sobrevivir.

Primer debate general

Pere Alberch: No soy paleontólogo, pero trabajo en macroevolución y creo que el registro fósil tiene mucho que decir en el análisis de los modelos de macroevolución y procesos macroevolutivos. Uno de los temas en los que estoy más interesado es en las innovaciones clave, en saber cuál es la relación entre los procesos locales de adaptación (el proceso de selección natural en los individuos) y los modelos macroevolutivos que existen y en particular con la cuestión de las extinciones. Cuando tiene lugar una extinción en masa, ¿podemos saber, a priori, qué grupos están mejor adaptados o es una cuestión de suerte? Quiero decir, ¿cuáles son los aspectos deterministas de la especiación? ¿O es simplemente un modelo estocástico gobernado por factores externos al sistema? Creo que los participantes representan la vanguardia de lo que ocurre en paleobiología, hemos sido testigos de 20 años de grandes progresos porque hemos pasado de un estado puramente descriptivo a un estado muy analítico. Me gustaría preguntarles qué nos deparan los próximos 20 años. En qué estado se encuentra la paleobiología por lo que se refiere al análisis de las extinciones y los modelos de abundancia de especies a lo largo de los tiempos, y cuáles son las cuestiones clave, no lo que hace la gente, sino lo que se debería hacer en un futuro cercano, en los próximos veinte años.

Erle G. Kauffman: Parece que el futuro de nuestra ciencia, de nuestra investigación, está en dos áreas. Hemos visto en todas las exposiciones que hay una gran abundancia de teorías y de tests a gran escala sobre el porqué de la extinción y la dinámica de las extinciones. De todos modos, lo que necesitamos son auténticas pruebas. Tomemos el final del Cretácico como ejemplo. Tenemos muchas hipótesis y aún vamos a generar más, pero estas hipótesis serán buenas en la medida en que lo sean los tests que se les puedan aplicar. Como primer paso para una investigación futura, necesitamos claramente datos globales de alta resolución en muchas extinciones en masa. En los análisis de alta resolución hay que tener en cuenta que, por lo menos en la mayoría de las rocas marinas, mil años están representados por un grosor de uno a cuatro centímetros de roca. Si creemos en la evolución puntuada, si creemos en la macroevolución, si creemos en los episodios catastróficos de la estratigrafía, tenemos que contrastarlos a una escala que sea significativa. Esto es, obviamente, el primer paso que veo en el futuro. Necesitamos buenos tests para estas hipótesis y también datos de alta calidad que proporcionarán, quizás, nuevas ideas para hipótesis nuevas o revisadas. Creo que, en segundo lugar, el aspecto más desconocido del proceso de extinción en masa es por qué determinados grupos sobreviven, cuáles son las estrategias para la supervivencia y cómo se regenera el ecosistema. ¿Por qué se regeneran tan rápidamente? ¿Significa esto que hay mucha evolución puntuada o macroevolución o evolución explosiva, como queramos llamarla? ¿O significa que hay una cantidad mayor de supervivientes a través de estos límites que son las que luego dan lugar a la siguiente radiación? Hay que comprobar esto.

David Jablonski: Estoy virtualmente de acuerdo con todo lo que ha dicho Erle Kauffman, creo que hay una gran necesidad de estudios de extinciones a escalas temporales y niveles muy distintos. Para mí, hay dos direcciones importantes a seguir. Una primera es que se necesita desesperadamente una aproximación contrastable, no podemos estudiar un solo episodio sin tener en cuenta un contexto más amplio y usar estos grupos de datos relativamente distintos para contrastarlos entre sí, para alumbrar un modelo a mayor escala desde este punto de vista. Se necesita un enfoque comprobable de las extinciones separadas en el tiempo en muchas localidades y también de las extinciones mismas. Es un área que necesita desesperadamente de más trabajo, y creo que obtendremos muchas revelaciones. Otra cosa que también considero importante y en la que también estoy de acuerdo con Kauffman es que las repercusiones evolutivas serán capitales para entender los efectos evolutivos de las extinciones en masa: qué ocurre durante las radiaciones, cómo se seleccionan los taxones durante las extinciones en masa y cómo se seleccionan al final de la extinción. Sabemos que, aunque todos cruzaron la frontera, no todos los supervivientes tuvieron las mismas posibilidades de proliferar tras la extinción. Tenemos un conocimiento muy pobre de los factores determinantes de esta proliferación posterior. Creo que es realmente necesario un enfoque contrastable de los distintos grupos durante un intervalo de recuperación, y también seguir un mismo grupo a lo largo de varias perturbaciones mayores para ver cómo se comporta cada vez bajo circunstancias ligeramente distintas. Creo que el estado inicial del sistema justo antes de que tenga lugar la perturbación puede jugar un papel decisivo para saber cómo funciona todo.

Andrew Coen: Durante el último año, mis estudiantes y yo hemos estado trabajando en una extinción moderna, viendo lo que ocurre en las faunas endémicas de uno de los lagos del este de Africa. Quiero hacer un poco de abogado del diablo, porque una de las cosas que me han chocado, particularmente de la conferencia del doctor Jablonski, y también en otras, es lo mucho que difieren los modelos en el registro fósil respecto del tipo de cosas que hemos visto en las extinciones históricas, donde sabemos lo que se extinguirá y en el caso del lago Victoria podemos incluso secuenciar las cosas que se han extinguido porque tenemos los tejidos preservados y en otros casos tenemos un buen conocimiento no sólo de lo que se ha extinguido, sino también de cuáles son los parámetros ecológicos. Por lo tanto, podemos empezar a comprender por qué se extinguieron las cosas, si disponemos de correlaciones ecológicas o tróficas. Haciendo de abogado del diablo, quisiera preguntar ¿qué papel creen que puede jugar la paleontología en el tema de las extinciones modernas? ¿Qué información o qué tipo de cuestiones puede aportar la gente que quiere saber qué es lo que ocurre ahora? Creo que hay buenas evidencias de que, por lo menos en los casos con los que estoy familiarizado, las extinciones son muy deterministas y que les podemos asignar modelos causales específicos.

Erle G. Kauffman: Dos comentarios sobre esto. Yo pongo en duda que sepamos qué es lo que actualmente se está extinguiendo. Como mínimo, la diversidad global actual es de 4 a 10 millones de especies (o, según otras estimaciones, es de un centenar de millones de especies) de las cuales nosotros sólo hemos registrado 1,4 millones. Cuando perdemos un millar de hectáreas de selva tropical, en la mayoría de los casos no sabemos lo que estamos perdiendo. Pero usted nos habla de estudios del microcosmos, donde tenemos una buena base de datos para empezar, lo cual aporta más criterios. El papel de los paleontólogos se centra en todo el proceso de extinción, supervivencia y regeneración, que puede durar 3 o 4 millones de años o, en el caso de los ecosistemas tropicales, la total regeneración del ecosistema puede requerir de 8 a 10 millones de años. Este gran lapso de tiempo, si lo estudiamos con suficiente detalle y a escala global, nos da una serie de modelos predictivos que podemos aplicar a las pautas de la extinción moderna. ¿Desaparecerán primero los trópicos? Sí, definitivamente esto es así. ¿Cuáles son las implicaciones de esta relación en el conjunto del modelo de extinción que cabe esperar? Si desaparece la selva tropical, ¿qué ocurrirá con el clima? ¿Qué ocurrirá con la desertización de una gran área? Creo que ésta es la contribución que puede hacer la paleontología. La otra cuestión es que no nos podemos quedar demasiado limitados a la actualidad. Hay que recordar que vivimos en un momento geológicamente atípico, que representa menos del 7% de la historia geológica. Los paleontólogos que trabajan en el muestreo de una extinción, supervivencia y regeneración del mundo fanerozoico estándar, creo que pueden proporcionar modelos predictivos (por lo menos en un sentido amplio) que nos pueden ayudar a comprender no sólo lo que ocurre ahora y en un futuro cercano, sino también lo que puede ocurrir si, de hecho, vamos hacia un calentamiento global debido al efecto invernadero en un sentido general.

David Jablonski: Estoy de acuerdo con el doctor Kauffman, pero hay cosas en las que quiero profundizar. En primer lugar, no está completamente claro (aunque creo que los paleontólogos pueden aportar cosas) en qué medida los datos paleontológicos son aplicables a la extinción actual. La escala de la distribución geográfica y el tamaño de las poblaciones de muchas de las víctimas conocidas de la actual extinción en masa es muy pequeña y no se puede comparar con la escala y tamaño de la población de las especies del registro fósil. Esto puede encontrarse tan al final de la cola de la distribución que puede que estos taxones no aparezcan en el registro fósil. No está claro que estemos analizando la misma cosa. Otro aspecto es que hay una divertida asimetría en lo que han estado haciendo los científicos. Los neontólogos consideran qué tipo de alteraciones ocurren e intentan estimar los tipos de extinción a que darían lugar. Los paleontólogos tienen una idea de las extinciones que han ocurrido e intentan estimar el tipo de alteraciones. Aquí tienen lugar movimientos en dos direcciones opuestas. Pero creo que hay algunos mensajes básicos del registro fósil que realmente contribuyen a aumentar nuestro conocimiento de las cuestiones a gran escala con las que nos enfrentamos. La predicción precisa y detallada de cómo se comportará una determinada especie amazónica en los próximos cien años no pertenece necesariamente al dominio de la paleontología. Pero sí que podemos decir algunas cosas. Una es que en las grandes extinciones en masa del pasado, la presión sobre el sistema biológico es tan grande que al final se rompe. Esta sola idea debería cambiar nuestra perspectiva sobre la destrucción del hábitat. Otra cuestión es, como ya ha apuntado Kauffman, la regeneración tras las extinciones en masa, que, aunque para los paleontólogos son notablemente rápidas (entre 5 y 10 millones de años), son terriblemente lentas para la población humana. Incluso si se hiciera un esfuerzo colectivo para frenar la tasa de destrucción, el tiempo de recuperación sería muy lento a escala humana. Otra cuestión es lo que podemos decir sobre la actual probabilidad de supervivencia, si es que los datos que he presentado tienen un valor general (y así lo confirma el registro fósil). Los tipos de taxones que sobreviven son las ratas, las malas hierbas, las cucarachas, etcétera, que son los grupos tolerantes muy repartidos geográficamente. Estas no son, tampoco, las especies que proporcionan alimento, que ayudan a la medicina o que juegan algún papel en la modulación del clima o en la biología de las poblaciones de otros organismos que nos son útiles. Las malas hierbas de las cunetas de las carreteras, las ratas de nuestras casas y las cucarachas de nuestras cocinas tienen más posibilidades de sobrevivir a estos episodios a gran escala. Esto debería cambiar nuestro modo de pensar en los modelos biológicos. Además, los últimos cinco millones de años de cambio biológico proporcionan otras revelaciones que nos darán una idea de cómo la biota relativamente moderna ha respondido a los cambios climáticos y biogeográficos a corto y medio plazo. Pero persiste una diferencia fundamental, y es que asistimos a cambios que no se pueden autocorregir. Si provocamos cambios en la Amazonia, estos cambios perdurarán hasta que el hombre desaparezca. Esto nos pone en una situación muy distinta de la de los procesos naturales relativamente largos que detectamos en el registro fósil. Por lo tanto, este tipo de enfoque tiene sus más y sus menos.

David G. Jenkins: Quiero hacer un comentario sobre algo que acaba de decir el doctor Kauffman. Es una buena idea muestrear a través el límite Cretácico-Terciario a escala de pocos centímetros o milímetros, y en micropaleontología lo hacemos. No puedo ver cómo esto puede mejorar el registro de, por ejemplo, los reptiles. Incluso si se muestrean los amonites hasta el límite, tampoco veo cómo un muestreo centimétrico mejorará el registro estratigráfico de estos grupos. ¿A qué nos referimos cuando hablamos de la extinción de amonites y reptiles justo en el nivel del iridio cuando éste tiene tan sólo unos pocos centímetros? ¿Cómo puede afrontarse este problema? Otra cuestión de la que quiero hablar es de las grandes diferencias que hay entre los macropaleontólogos (que trabajan con cosas que se pueden coger con las manos) y los micropaleontólogos, que trabajan con el microscopio y pueden ver millares de especímenes de una determinada especie que llegan justo hasta el límite y posiblemente se extinguen. Creo que los micropaleontólogos han dado al traste con la idea de Eldredge y Gould. Estos autores propusieron su idea de los equilibrios puntuados como alternativa al gradualismo filético. Pero en el Fanerozoico tenemos un fantástico registro donde podemos verificar el gradualismo filético. Cuando se habla de los reptiles que se extinguen en el límite Cretácico-Terciario, o de los macrofósiles que se extinguieron en el límite Pérmico-Triásico, debemos tener en cuenta el registro de microfósiles que existe en las rocas inmediatas al límite.

Erle G. Kauffman: Responderé a la pregunta de la resolución. Nuestra técnica habitual de muestreo consiste, por ejemplo, en tomar un metro cuadrado con 10 centímetros de grosor, el cual contiene un registro de tres millones de años. Este nivel de resolución no es suficientemente bueno para el disperso registro de vertebrados fósiles, pero sí lo es para el registro micropaleontológico. Ciertamente debemos muestrear lo más estrechamente posible. Pero le mostraré un caso histórico. La extinción en masa anterior a la del límite Cretácico-Terciario (la del límite Cenomaniense-Turoniense) no ha estado bien documentada hasta hace cinco años. No sabíamos nada de los sucesos que la causaron, excepto que hubo fluctuaciones geoquímicas y que se perdió un determinado número de amonites. El muestreo a una escala centimétrica desarrollado en los últimos 7 o 5 años, ha revelado un incremento entre el 400 y el 500 por ciento del número de taxones, aportando un conjunto de datos que llenan los huecos entre las apariciones. Pero mucho más allá de todo esto, ha dado lugar al descubrimiento de cinco picos de iridio, al descubrimiento de fluctuaciones de elementos traza, al descubrimiento de nuevos taxones, de sus orígenes y extinciones. Creo que todavía estamos en la fase exponencial de aumento de los descubrimientos y que en el futuro se llenarán muchos huecos. Es importante que al tomar estos datos no se ignoren los de la micropaleontología. Los datos de la extinciones en masa, como ya ha apuntado el doctor Benton, deben ser totalmente interdisciplinarios. Tienen que implicar a todos los grupos de fósiles, tanto macrofósiles como microfósiles, los perfiles geoquímicos y sedimentarios completos. Con esto, podemos empezar a vislumbrar algunas verdades en nuestra teoría.

David G. Jenkins: Una pequeña cuestión: con respecto al

nivel de iridio del límite Cretácido-Terciario, ¿ha visto algún amonite que llegue al nivel de arcilla del límite?

Erle G. Kauffman: Sí. Hemos visto amonites en el nivel de arcilla límite en Dinamarca, justo por debajo de él.

David G. Jenkins: ¿Y está usted convencido de que el impacto causó la extinción de los amonites al final del Maastrichtiense?

Erle G. Kauffman: Estoy convencido de que un conjunto de bucles retroactivos relacionados con el impacto, probablemente tuvieron un marcado efecto en la extinción final de los amonites.

Pere Alberch: ¿Podría usted aclarar por qué es tan importante que los amonites lleguen justo hasta el mismo límite, o estén un poco por encima o por debajo?

David G. Jenkins: El impacto.

Pere Alberch: Bueno, pero el meteorito no les cayó encima.

David G. Jenkins: El nivel de arcilla oscura en el límite es el depósito de material arcilloso justo después del impacto. Por tanto, hay que acudir a la sección del estratotipo límite del Cretácico-Terciario, que está en Túnez, si se quiere ver el límite Cretácico-Terciario. Este es «el» límite por excelencia y, por supuesto, es en esta sección donde se tienen que correlacionar todos los episodios con el límite Cretácico-Terciario.

Pere Alberch: Pero tampoco sería tan raro que hubiesen llegado a traspasar algo el límite, quizá pudieran durar un poco más.

David G. Jenkins: No. De acuerdo con la hipótesis del impacto meteorítico todos deberían extinguirse justo en el límite.

Douglas H. Erwin: Hay una diferencia en cuanto al ritmo en que las cosas realmente se extinguen. Incluso si todo se hubiese extinguido a las diez en punto del lunes, como jocosamente dijeron Signor y Lipps en 1992, no cabría esperar recuperar tal registro de la mayoría de los grupos de macrofósiles. Encontrar un amonite inmediatamente por debajo de cualquier sección es importante. Pero yo, por ejemplo, no los puedo encontrar en el límite Pérmico-Triásico por problemas de muestreo.

David G. Jenkins: Entonces, ¿es posible que en el futuro se encuentren amonites por encima del límite?.

Douglas H. Erwin: Podría ocurrir, como en el límite Pérmico-Triásico.

David G. Jenkins: ¿Y los que se encuentran durante el Maastrichtiense-Daniense? ¿Cree usted que se pueden encontrar amonites que sobrevivieran al límite Cretácico-Terciario?

Erle G. Kauffman: ¿Por qué no?

David G. Jenkins: ¡Perfecto!, porque eso es lo que encontramos en los foraminíferos planctónicos. Creo que los foraminíferos plactónicos vuelven a ser los más importantes. Recientemente se ha demostrado que determinadas especies sobrevivieron al impacto.

Pere Alberch ¿Pero desaparecieron muy poco después?

David G. Jenkins: Sí, quizá en un plazo de unos 200 000 años. Algo así. ¿Por qué, entonces, algunos amonites no podían haber sobrevivido?, ¿por qué algunos reptiles no podrían sobrevivir a este impacto?

Erle G. Kauffman: Esto se ha propuesto en algunos trabajos

David G. Jenkins: Totalmente, pero estamos condicionados por una hipótesis. Por ahora, y desde hace bastantes años, la hipótesis que está imperando en la investigación, es que hubo una extinción en masa en el límite Cretácico-Terciario.

Erle G. Kauffman: No creo que esto condicione en mayor medida la investigación de las extinciones en masa, creo que las hipótesis de las extinciones en masa consideran un episodio multicausal a gran escala. Todos ellos parecen responder a un modelo que no se ajusta al catastrofismo puro. Hay grandes episodios pero ninguna extinción en masa que haya sido bien estudiada (incluyendo la del límite Cretácico-Terciario) tiene un ritmo catastrófico, en el sentido de que todo se extingue justo en el límite. Esto es bien conocido en el registro de foraminíferos.

Pere Alberch En cierto modo sí es catastrófico, muchos de ellos desaparecieron simultáneamente.

Erle G. Kauffman: Es catastrófico en los foraminíferos, pero puede no serlo en otros grupos.

Antonio Fontdevila: Me gustaría subrayar la cuestión de que la evolución es, por supuesto, un proceso histórico. Y como en todo proceso histórico, hay episodios como las extinciones en masa que probablemente son difíciles de predecir. Hay sucesos episódicos que tienen cierta impredicitibilidad. Como en la historia, uno tiende a pensar en la causalidad del proceso histórico y de la evolución, pero esto no descarta que de ciertos episodios no se puedan explicar las causas. Cuando se busca una causa de la evolución, o de las extinciones en este caso, siempre hay una causa externa, como un meteorito o lo que sea. Se puede demostrar esto y lo aceptaremos todos, pero si no se puede, entonces hay que buscar las causas. Creo que históricamente se citan dos causas principales. Una es la adaptación, que es la causa externa; y en este caso hay una fuerza que procede del ambiente y que da forma a la combinación de estructuras y todo lo demás. Si se quieren comprender este tipo de cosas, no creo que haya que fijarse solamente en las tendencias, en el sentido paleontológico. Los comportamientos son correlaciones y sabemos que las correlaciones no significan causa. Este es el problema, y nosotros, como biólogos de las poblaciones, no hemos aprendido mucho. Sabemos mucho de unas pocas cosas, al contrario de la paleontología, que sabe poco de muchas cosas. Quizás todo esto resulte complementario, no lo sé. Pero en mi opinión, en este caso, los biólogos de las poblaciones sabemos que de las muchas correlaciones que encontramos en la naturaleza, no todas ellas implican la existencia de una causalidad. Una no es la causa de la otra. Hay una tercera, una cuarta o una quinta causalidad. Se encuentra, por ejemplo, que los animales son más grandes en determinados ambientes, lo cual no quiere decir que este ambiente sea la causa de ser más grande. Hay una tercera causa que correlaciona estos dos parámetros y hace aparecer este comportamiento. La otra cuestión, y esta es una controversia en la que hace mucho tiempo que me debato, es la explicación endógena, que también es el punto de vista de todos los genéticos y también de los biólogos del desarrollo en tiempos recientes. Según estos, en un lado de la moneda hay algún tipo de potencialidad o de restricciones que actúan como fuerza que guía la evolución. La idoneidad de un genotipo es el resultado del ambiente y de la genética. A todo genotipo le corresponde una idoneidad, pero dependiendo de lo largas que sean las perturbaciones en el ambiente, este genotipo cambiará su estado en una dirección u otra. Esta es la reacción normal. Por lo tanto, si incluso la extinción es un cambio en el ambiente, la cosa interesante sería saber qué cambios en el ambiente se necesitan para que una determinada comunidad o estructura sufrieran una extinción en masa. Tal como comenta Erwin, al fin y al cabo, todo se puede explicar por inestabilidades ecológicas y anoxia. Pero, ¿qué es la inestabilidad ecológica en términos de evolución?

Douglas H. Erwin: A lo que quería llegar es que en el pasado, la mayoría de los autores que han trabajado en la extinción en masa del Pérmico han intentado apuntar una sola causa, que podía ser vulcanismo piroclástico, anoxia o cualquier otra. Todo esto parecía insuficiente para una extinción tan grande. Lo que yo decía, aparentemente de acuerdo con usted, es que cuando vemos los episodios geológicos geoquímicos y climáticos en el Pérmico inferior, está claro que algo terrible ocurrió. En este episodio podrían haber contribuido múltiples causas. Creo que es muy difícil concretar cuáles son más significativas que otras.

Kazimierz Kowalski: Una puntualización. He visto que uno de los caracteres que parecen ser útiles para los organismos y en especial para los animales en tiempos de estabilidad, es tener un gran tamaño. Por muchas razones, los animales con tamaños más grandes están privilegiados, esto es evidente en los animales homeotérmicos. Pero, por otro lado, el precio que hay que pagar es una disminución de la población, porque una especie grande debe tener una población más pequeña, una diversidad genética menor, etcétera. En la historia de los mamíferos se observan varios periodos donde prácticamente en cada línea hay una tendencia hacia un talla grande, pero existe un peligro de extinción. Los animales más grandes desaparecen y los pequeños empiezan a evolucionar de nuevo. En cuanto a lo de que las ratas sobrevivirán pero los elefantes perecerán, es la pura verdad. Cómo se relaciona con los aspectos humanos es difícil de responder.

David Jablonski: Creo que la talla del cuerpo es un bonito ejemplo que muestra el conflicto entre la selección natural a corto plazo y los episodios a gran escala y a largo plazo. Uno puede imaginarse fácilmente cómo una intensa selección favorecería día a día, año a año, generación a generación, los cuerpos de talla grande. Ha habido muchos trabajos teóricos y experimentales sobre esto. Pero a una escala de millones de años, de diez millones de años, esto puede incluso resultar desventajoso. Podría dar gran número de ejemplos sobre cómo la selección natural, que actúa según el momento presente, no se basa en las condiciones de un futuro próximo, sino en la generación que tiene a mano. A largo plazo, los taxones evolucionan hacia una situación donde son más vulnerables a episodios inusuales que cuando estaban al principio de su historia evolutiva. Estoy muy de acuerdo con el último comentario.

Los datos paleontológicos y la identificación de extinciones en masa
Michael J. Benton

La cualidad del registro fósil

El registro fósil es claramente incompleto, y este hecho puede ser atribuido a múltiples factores, relativos a los propios organismos, a cambios posteriores en las rocas y a las diferentes formas de trabajar de cada paleontólogo (Raup, 1972; Signor, 1977). Por ejemplo, parece claro que los organismos de cuerpo blando tenderán a quedar peor preservados que aquéllos con partes duras. De manera parecida, los organismos que vuelan o viven en los árboles quedarán en general peor preservados que aquellos que merodean por los pantanos y los ríos, o que viven en el lecho del mar. Puede también esperarse que los organismos grandes tenderán a preservarse mejor que los más pequeños, puesto que pueden sobrevivir a su inclusión en sedimentos de grano fino o grueso, y porque son más fáciles de encontrar. En general, los organismos preservados en rocas muy antiguas tienen mayor probabilidad de ser sometidos a subdicción, metamorfoseados o erosionados hasta su desaparición, que aquellos preservados en sedimentos más recientes. El factor humano es también muy importante: nuestro conocimiento del registro fósil depende de una manera crítica del interés que la gente tiene por determinados grupos, de su localización geográfica y de su accesibilidad para el estudio.

Frecuentemente se afirma que el registro fósil es demasiado incompleto como para proporcionar resultados significativos sobre la macroevolución. En menor medida, otra afirmación extendida es que un análisis cladístico de caracteres que pretenda extraer conclusiones filogenéticas significativas debe basarse sólo en formas vivientes, ya que los fósiles sólo representan una parte de la morfología del organismo y constituyen asímismo una muestra incompleta de las especies que en su día vivieron (por ejemplo, Nelson, 1969; Hennig, 1981; Patterson, 1981; Goodman, 1989). Estas objeciones pueden ser contrastadas de tres maneras diferentes: (1) test sobre cómo los cambios en nuestro conocimiento del registro fósil afectan a nuestra percepción de los patrones macroevolutivos; (2) tests de correlación entre los patrones de bifurcación que muestran los cladogramas y la edad de la primera aparición de cada grupo en el registro fósil y (3) test de adecuación de los cladogramas a diferentes fases (estadios) de conocimiento del registro fósil.

Por lo que hace al primer tipo de tests, estos sugieren que, aunque el registro fósil cambia sustancialmente a medida que pasa el tiempo y se progresa en la investigación, las conclusiones en cuanto a macroevolución han sufrido relativamente pocas modificaciones. Maxwell y Benton (1990) compararon el estado de conocimiento del registro fósil de los tetrápodos en los últimos cien años, tiempo durante el cual el conocimiento paleontológico ha crecido a un mayor ritmo. Estos autores encontraron que, aunque se produjo un gran incremento de datos como resultado de los nuevos hallazgos (figura 1), otros aspectos de las listas de rangos estratigráficos cambiaron siguiendo pautas impredecibles. Revisiones de la estratigrafía, taxonomía y cladística a escala de grandes grupos afectaron a las listas de taxones, en tanto que algunos rangos estratigráficos se acortaron, otros se alargaron y otros quedaron finalmente inalterados. Algunas familias y géneros desaparecieron como resultado de diferentes revisiones taxonómicas, mientras que otras nuevas aparecieron; por tanto, no se produjo una desviación significativa de los resultados. El principal cambio detectado entre una base de datos del año 1967 y otra de veinte años después (Benton, 1987) consistió en que la duración a nivel de familia de los tetrápodos se incrementó marginalmente (29,1% de familias conservando la amplitud de sus rangos, 44,8% que incrementaron dicha amplitud y 26,1% que la redujeron). Que se incrementase la amplitud de los rangos

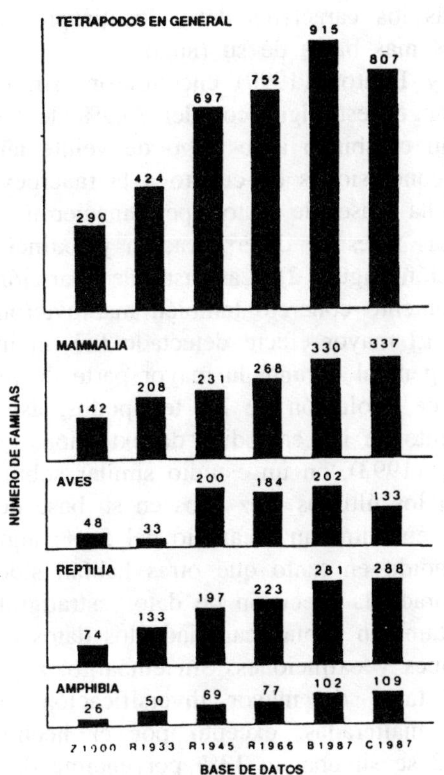

Figura 1. Número de familias de tetrápodos agrupados en clases para cada una de las siguientes bases de datos: Zittel, 1990; Romer, 1933; Romer, 1945; Romer, 1966; Benton 1987; Carroll, 1987. De Maxwell & Benton (1990).

podía predecirse por la común aseveración de que «cualquier avance en paleontología implica recolectar más y mejores fósiles», pero el hecho de que más de una cuarta parte de las 515 familias analizadas mostrasen un descenso en la amplitud de sus rangos fue más que sorprendente. Este dato es explicable en función de la redefinición por métodos cladísticos de diversas familias y por la eliminación de algunas otras, al no presentar estas los caracteres derivados propios de la familia en los niveles más bajos de su rango.

Maxwell y Benton (1990) encontraron, sin embargo, que aunque los rangos estratigráficos del 70,9% de las familias de tetrápodos han cambiado a lo largo de veinte años de investigación, las conclusiones en cuanto a la macroevolución derivadas de dicha base de datos permanecieron prácticamente inalteradas. Las fases de diversificación y extinción no sufrieron modificación (figura 2). Las tasas de aparición y extinción para cada momento concreto también mantuvieron las mismas proporciones. El mayor efecto detectado fue un incremento en la diversidad general durante la mayor parte de los 400 millones de años de evolución de los tetrápodos, así como un ligero afinamiento de los episodios de extinción.

Sepkowski (1993), en un estudio similar sobre los cambios producidos en los últimos diez años en su base de datos sobre fauna marina, encontró un recambio del 50%: algunas familias se habían añadido en tanto que otras habían sido eliminadas, se había mejorado la precisión de datos estratigráficos de baja resolución y también habían cambiado los datos correspondientes a apariciones y extinciones. Sin embargo, a pesar de estos cambios, las fases de mayor diversificación permanecieron prácticamente inalteradas, excepto por el hecho de que la curva de 1992 se situaba un 13% por encima de la curva anterior (figura 3). Además, la identidad y las magnitudes de los episodios de extinción se mantuvieron iguales. Los mayores cambios consistieron en que la amplitud de los rangos de distribución a nivel de familia tendieron a aumentar (con una distribución muy parecida de las apariciones anteriores y de las extinciones posteriores), y que las extinciones en masa afinaron algo más, con los episodios de extinción aproximándose a los límites entre pisos (figura 4). Así pues, estos tests han mostrado dos hechos: (1) el conocimiento paleontológico cambia (uno espera que a mejor); (2) a pesar de ello, los grandes patrones a nivel de macroevolución permanecen estables. Si el registro fósil fuese irremediablemente incompleto, los patrones que se derivasen de él cambiarían de manera brutal cada vez que se produjesen nuevos descubrimientos.

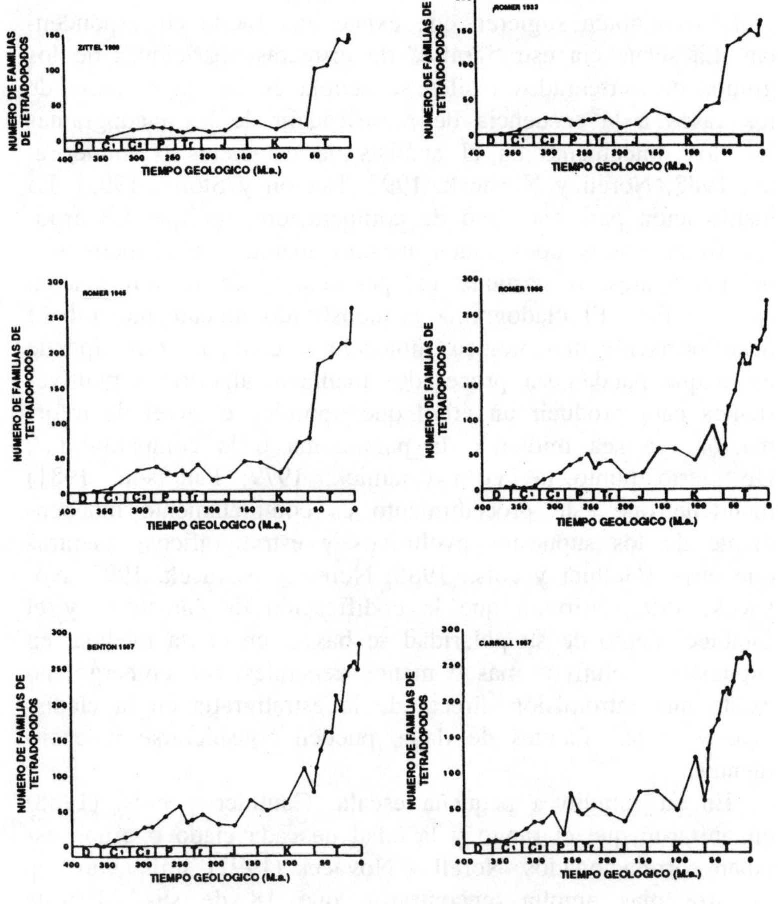

Figura 2. Número de familias de tetrápodos frente a tiempo geológico para cada una de las bases de datos. Los patrones de diversidad son en general semejantes, mostrando un aumento gradual desde el Devónico superior hasta el Cretácico superior, seguido de un incremento sustancial del número de familias durante el Cenozoico. Abreviaturas: D, Devónico; C1, Carbonífero inferior; C2, Carbonífero superior; P, Pérmico; Tr, Triásico; J, Jurásico; K, Cretácico; T, Terciario. De Maxwell & Benton (1990).

Los tests de correlación entre cladogramas y datos estratigráficos también sugieren que existe una fuerte correspondencia. La secuencia estratigráfica de primeras apariciones de los grupos de vertebrados fósiles se acopla en la mayor parte de los casos a la secuencia de ramificación de los cladogramas basados únicamente en el análisis de caracteres (Gauthier et al., 1988; Norell y Novacek, 1992; Benton y Storrs, 1993). La justificación para este tipo de comparaciones es que los árboles filogenéticos construidos usando métodos cladísticos son independientes, o bastante independientes, de la información estratigráfica. El cladograma es construido únicamente a base de información morfológica, molecular o cualquier otro tipo de datos que puedan ser procesados mediante algoritmos multivariantes para producir un árbol que optimice el nivel de información, ya sea midiendo la parsimonia o la compatibilidad. Un cierto punto de vista (Platnick, 1979; Patterson, 1981) mantiene que este procedimiento es completamente independiente de los supuestos evolutivos y estratigráficos, mientras que otros (Guthier y cols., 1988; Norell y Novacek, 1992; Novacek, 1992) afirman que la codificación de caracteres y el establecimiento de su polaridad se basan, en cierta medida, en supuestos evolutivos más o menos generales. Sin embargo, no existe una intromisión directa de la estratigrafía en la cladística, y ambas fuentes de datos pueden considerarse independientes.

En su estudio a pequeña escala, Gauthier y cols. (1988) encontraron que el rango y la edad de cada clado o grupo estaban correlacionados. Norell y Novacek (1992), utilizando una muestra más amplia, encontraron que 18 de sus 24 tests (75%) proporcionaron correlaciones estadísticamente significativas (P < 0,05) entre el orden de ramificación y la secuencia estratigráfica. Valores incluso más significativos fueron encontrados para grupos de mamíferos ungulados, un grupo del que se considera que existe un buen registro fósil con cladogramas bien resueltos. No existe una explicación sencilla para los seis casos en los que no se obtuvo una correlación aceptable (amniotas, escamosos, hadrosaurios 1, hadrosaurios 2, primates superiores, artiodáctilos). Benton y Storrs (1993) obtuvieron re-

Figura 3. Comparación entre las curvas de diversidad de fauna marina obtenidas a partir de las compilaciones de familias de 1982 y 1992. La forma de las dos curvas es muy similar, aunque la de 1992 es más alta. De Sepkowski (1993).

sultados menos convincentes en su estudio de 74 cladogramas de vertebrados, ya que sólo 41 (55%) de ellos mostraron correlaciones estadísticamente significativas (P < 0,05) entre el orden de los clados y la edad; y, de ellos, sólo 25 (35%) llegaron a un nivel de significación inferior al 0,01. La mayor proporción de incongruencias entre el rango de los clados y su edad en este último estudio puede ser explicada en función del mayor número de cladogramas incluidos en el test, algunos de los cuales pudieran no estar tan bien resueltos como otros escogidos por otros autores. Sin embargo, todos los estudios realizados hasta la fecha muestran que la mayor parte de registros se corresponden con los cladogramas respectivos en lo que hace a las predicciones de aparición de los grupos: si el registro fuese irremediablemente erróneo, las edades de aparición basadas en la evidencia fósil no deberían mostrar el nivel de congruencia que se observa con los rangos de los clados.

El tercer test para calibrar la cualidad absoluta del registro fósil ha consistido en comparar el conocimiento que se tenía de este registro en diferentes momentos de la investigación paleontológica. Benton y Storrs (1993) compararon el nivel de adecuación de los 74 cladogramas de su muestra con una recopilación de los datos paleontológicos de 1993 (Benton, 1993) y con otra recopilación similar realizada en 1967 (Harland y cols., 1967). Se utilizaron dos medidas de la calidad del registro fósil, a saber, (1) el nivel de correlación entre el rango cladístico y su margen de edad, medido mediante el índice de correlación de Spearman (con un nivel de correlación situado entre los intervalos de confianza de $P < 0,05$ y $P < 0,01$), y (2) el «nivel relativo de hiatos» (NRH) para todos los cladogramas, como relación entre las filogenias y la escala geológica (medida como la proporción de «número mínimo de hiatos», indicado por los puntos de bifurcación de los pares de grupos hermanos, y la «longitud estándar de los rangos estratigráficos», basadas en las longitudes de los rangos totales representadas en el registro fósil). Los resultados mostraron que había existido un avance en el nivel de adecuación de los datos paleontológicos y cladísticos entre 1967 y 1993. De los 71 cladogramas que pudieron ser comparados directamente, Benton y Storrs (1993) encontraron que 45 (63%) mostraban un incremento en el NRH, uno (1%) se mantuvo constante y 25 (35%) mostraron una reducción de este índice. Ello indica un incremento estadísticamente significativo (test ji-cuadrado, $P < 0,05$) en la calidad del registro fósil de la muestra de 71 cladogramas de vertebrados, en términos de su adecuación a los cladogramas. Sin embargo, no apareció ninguna evidencia de cambio en el grado de correlación del orden de aparición a nivel de clado y los rangos de edad entre las bases de datos de 1967 y 1993, cuando se compararon los 71 cladogramas equivalentes: 43 de las 71 comparaciones (61%) no mostraron ningún cambio de estado, mientras que 28 (39%) sí mostraron cambios; sin embargo, estos cambios quedaron compensados entre sí, con 14 «mejoras» (por ejemplo, el paso de correlaciones negativas a positivas; de correlaciones no significativas a significativas; correlaciones no significativas a P < 0,05 que pasan a serlo a P < 0,01) y 14 empeoramientos.

Así pues, los tres tests que hemos apuntado han mostrado que nuestro conocimiento del registro fósil está cambiando a gran velocidad, pero que la mayor parte de conclusiones a nivel de macroevolución basadas en dicho registro son relativamente estables frente a los cambios no sistemáticos, que existe una sorprendente congruencia entre los datos cladísticos y el orden de aparición de los grupos y que el número relativo de hiatos en dicho registro va disminuyendo a medida que avanzan las investigaciones.

Rangos estratigráficos y límites de extinción

El uso de tablas de distribución estratigráfica en las que los rangos de los taxones fósiles son indicados por líneas continuas situadas con respecto a la escala temporal es un recurso común a la hora de determinar los patrones de extinción en un intervalo de tiempo determinado. Frecuentemente, sin embargo, lo que aparece como una línea continua a lo largo de un determinado lapso temporal, corresponde al sumatorio de diversos registros dispersos. En un extremo, el lapso de tiempo indicado por la línea continua puede estar repleto de representantes de dicho taxón. En el otro extremo se encuentran aquellos casos en que sólo hay dos únicas apariciones, al principio y al final del rango de distribución, y nada entre ambos. Intuitivamente, uno tiende a tener más confianza en la exactitud de los extremos del primer ejemplo, y muy poca confianza en el último caso. En ambos ejemplos, por supuesto, si asumimos que los fósiles han sido correctamente identificados, el rango verdadero será igual o más amplio que el que observamos, y deberemos encontrar alguna vía para estimar qué cantidad de registro falta más allá de los extremos que conocemos.

Strauss y Sadler (1989) establecieron un modelo matemático para este concepto, argumentando que los intervalos de confianza para los dos extremos pueden ser calculados evaluando la probabilidad de que un cierto número de registros no observados pueda existir más allá de estos puntos. Esta predicción está basada en observaciones de la intensidad de representación de registros fósiles dentro del rango estratigráfico conocido del grupo, comparado con el contenido relativo de hiatos del lapso temporal considerado. En el extremo, cuando los puntos terminales del arco del rango están únicamente representados por dos fósiles, el 95% de los intervalos de confianza corresponden a más de diez veces el valor del rango observado. Incluso aunque se diese la presencia de hasta seis registros a lo largo del rango, las extensiones del rango esperadas deben ser iguales al rango observado, para un intervalo de confianza del 95% (figura 5). Con más de seis registros, los niveles de error disminuyen, pero nunca llegan a desaparecer, llegando a valores despreciables para rangos intensamente muestreados.

Esta técnica de estimación de los rangos potenciales es fácil de calcular y puede ser aplicada a todos los niveles de las divisiones taxonómicas y estratigráficas. Sin embargo, la fórmula depende críticamente del supuesto de que los hallazgos de fósiles se encuentran aleatoriamente distribuidos a lo largo del rango registrado, y no agrupados en uno u otro extremo (Marshall, 1990). Un celo excesivo en el muestreo de una determinada capa, de capas en las que los fósiles aparezcan excepcionalmente preservados, especímenes mal identificados o la existencia de fases erosivas pueden invalidar el cálculo de los intervalos de confianza.

Strauss y Sandler (1989) documentaron un caso en la colección de amonites del límite Cretácico-Terciario. Macellari (1986) encontró 13 especies de amonites, cada una de ellas con un registro de más de tres especímenes, en los 1500 m. de sedimentos del Cretácico superior de Seymour Island (península Antártica). Strauss y Sadler (1989) calcularon la extensión de los rangos para estos taxones y los propusieron a modo de test, de manera que incluso muestreos posteriores han llenado alguno de los hiatos en los extremos de los rangos.

Ward (1990) ha mostrado que cuanto más se muestrea,

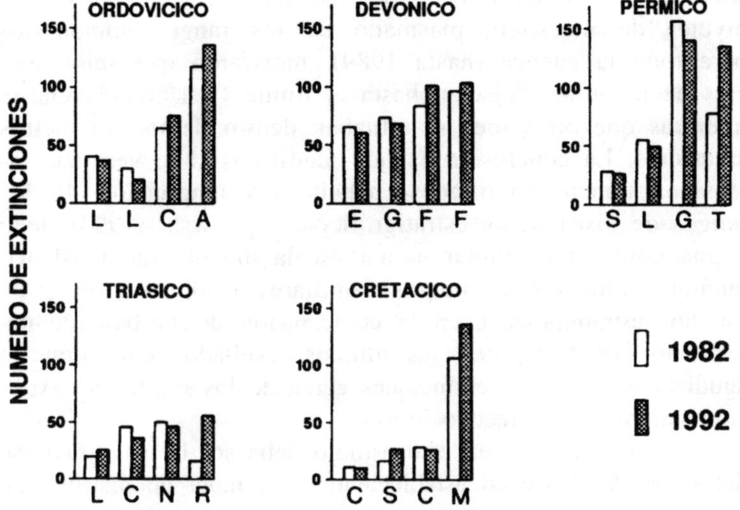

Figura 4. Histogramas que muestran el número de extinciones en los compendios de los estadios inmediatamente anteriores y coetáneos de las cinco grandes extinciones en masa del Fanerozoico. Los nombres de los estadios estratigráficos están indicados por letras y las columnas a la derecha de cada grafo corresponden al episodio de extinción principal. Las variaciones entre los datos de 1982 y los de 1992 incluyen un aumento de las extinciones a medida que nos acercamos al intervalo más crítico. De Sepkowski (1993).

más se extiende el rango hacia un determinado punto final. Después de dos campañas de muestreo de amonites en el Cretácico superior de Zumaya, en el norte de España, encontró un patrón de aparente desaparición gradual de 16 especies a lo largo de 200 metros de sedimentos por debajo del límite Cretácico-Terciario: las primeras especies en desaparecer lo hicieron 160 metros por debajo del límite, y la última llegó a 15 metros del mismo. Después de nuevos muestreos, hasta 1989, el panorama cambió: todos los rangos se expandieron, tanto en la base como en el techo de la serie, y hubo una especie que prácticamente llegó hasta el límite Cretácico-Terciario. Siete especies quedaron dentro de los 40 metros que se extendían por debajo de dicho límite, frente a

145

sólo tres en los datos de 1986. Un nuevo incremento de los niveles de muestreo, plasmado en los rangos compuestos para toda la cuenca (hasta 1989), mostraron que seis especies de amonites llegaban hasta el límite Cretácico-Terciario, mientras que otras diez se situaban dentro de los 40 metros anteriores. La conclusión es que muestreos cada vez más intensivos tienen como consecuencia una ampliación de los rangos de distribución estratigráficos. Sepkowski (1993) llegó a una conclusión similar a una escala mucho mayor (distribuciones globales de rangos familiares medidos a base de estudios estratigráficos), en la comparación de su base de datos entre 1982 y 1992: los últimos resultados mostraron un agudizamiento de las extinciones cerca de los límites de extinción anteriormente reconocidos.

El siguiente paso en este estudio debe ser la cuantificación del nivel de muestreo estableciendo una tabla de distribución de rangos. La razón es que, desde una perspectiva simplista, uno podría interpretar los datos de Ward (1990) en el sentido de que los patrones de extinción de los amonites se hacen más «catastróficos» y antes o después se llegaría a la conclusión de que las 18 especies de amonites se extinguieron exactamente en el límite Cretácico-Terciario (extinción catastrófica), en lugar del pequeño conjunto de extinciones observado durante las primeras fases de muestreo (extinción gradualista). Ambos patrones pueden ser contrastados estableciendo en qué medida los especímenes son igualmente abundantes a lo largo de todo el rango de distribución de la especie, o bien existen acusadas recaídas de su abundancia hacia la parte alta del rango. Normalmente, las tablas de distribución de rangos paleontológicos muestran la diversidad de especies u otros taxones, pero raramente su abundancia en número de individuos. Así, incluso si se realizasen muestreos masivos y al final se llegase a extender el rango de los 18 amonites hasta el límite Cretácico-Terciario, estas especies podrían haber sido ya muy raras en los últimos años del Cretácico, apoyando la idea de un proceso gradual de extinción. Sin embargo, si mantuviesen su abundancia hasta el final, ello implicaría que la extinción habría sido catastrófica.

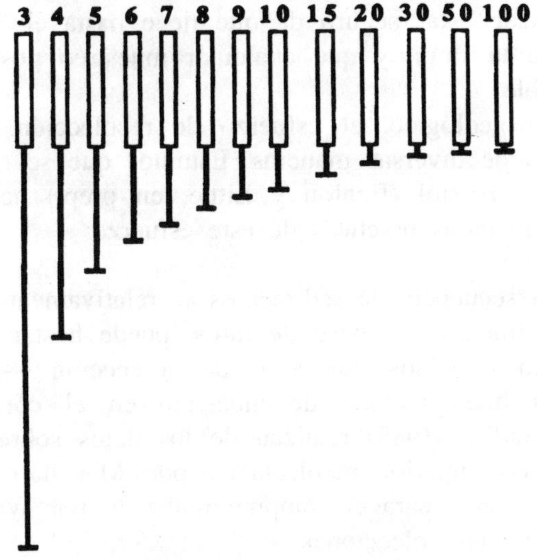

Figura 5. Intervalos de confianza del 95%, en base a rangos estratigráficos hipotéticos. El número de niveles fosilíferos está indicado encima
de cada columna estratigráfica, y los intervalos de confianza se han calculado de acuerdo con el método de Strauss & Sadler (1989). A medida
que el nivel de muestreo aumenta, la extensión del intervalo de confianza del 95% disminuye. De Marshall (1990).

Los tests sobre el nivel de muestreo están basados en la
teoría de la curva de saturación estándar de la ecología de
campo. La tasa de descubrimientos de nuevos taxones dentro
de un campo determinado no se correlaciona directamente con
el esfuerzo de recolección desarrollado. En su forma más simple, los ecólogos contraponen el número de especímenes exa-
minados, una medida del esfuerzo, frente al total acumulativo
de nuevas especies identificadas. Los primeros especímenes
pueden representar todos ellos registros de nuevas especies,
pero los especímenes posteriores probablemente duplicarán los
hallazgos anteriores. La tasa de descubrimiento de especies
inéditas decae después de que se han examinado centenares de
individuos y el nivel de muestreo requerido para añadir una
nueva especie se hace cada vez mayor. En un determinado

147

momento, cuando la curva de recolección (especímenes frente a especies) se aproxima asintóticamente a la horizontal, el ecólogo puede estar seguro de que tiene hasta el 90% de la fauna o de la flora, y que cualquier muestreo posterior será poco rentable.

A nivel geológico, el esfuerzo de recolección puede ser cuantificado de diversas maneras. Estudios que se están desarrollando en Bristol (Benton y Little, en prep.) han identificado siete medidas prácticas de este esfuerzo:

1. Si la secuencia de sedimentos es relativamente uniforme y los especímenes son bastante raros, puede bastar lo que se recolecte en repetidos transectos de la sección —se supone que es un buen método de muestreo en el cómputo que Strauss y Sadler (1989) realizan de los datos sobre amonites del Cretácico superior recolectados por Macellari (1986)—. Ello también vale para el cómputo realizado por Ward (1990) sobre las mismas colecciones.

2. Cuando los especímenes son frecuentes en alguno o en la totalidad de los niveles, se pueden muestrear volúmenes fijos de sedimento a intervalos también fijos, a lo largo de toda la sección, extrayendo posteriormente los fósiles mediante técnicas apropiadas. Este sistema permite obviar el problema de que algunos sedimentos proporcionan fósiles mucho más fácilmente que otros (compárese, por ejemplo, una dura caliza frente a unas arenas sin consolidar), y permite obtener una representación más adecuada de lo que realmente se ha preservado en cada litología. Sin embargo, estos resultados dependen en buena medida de la litología y pueden proporcionar patrones de abundancia con altibajos que en cualquier caso no tendrán ningún sentido biológico. La solución podría consistir en comparar las abundancias relativas de cada taxón en particular a través de una secuencia sedimentaria muestreada de esta manera sólo para determinadas litologías (por ejemplo, muestreando sólo calizas o arenas).

3. Otro enfoque para aquellas situaciones en las que los especímenes son abundantes consiste en estandarizar el nivel de muestreo en relación con la duración del proceso de reco-

lección; en otras palabras, consiste en prefijar un tiempo de muestreo para cada muestra, y tomar cada fósil que aparezca en ese tiempo. Esta técnica no tiene en cuenta la mayor o menor facilidad con que pueden ser extraídos los fósiles en diferentes tipos de rocas.

4. Una aproximación final, para cualquier situación de abundancia relativa, consiste en aplicar la técnica de mínimos cuadrados, utilizada por los ecólogos. Esta técnica funcionará especialmente en los casos en que una secuencia de rocas sedimentarias sea accesible en una superficie horizontal o casi horizontal, tales como una plataforma costera, en donde la profundidad es constante y, por tanto, el nivel de afloramiento es proporcional a la potencia de la capa. De esta manera se establecen áreas fijas en cada punto de muestreo y cada fósil en la superficie dentro de ese área será extraído o al menos identificado y registrado. Esta técnica puede evitar los problemas de extracción de fósiles que presenta la existencia de diferentes litologías.

Pruebas preliminares de estos intentos de estandarizar el nivel de muestreo han mostrado que estas técnicas funcionan y que en algunos casos puede ser interesante aplicar más de una. C. Little (Universidad de Bristol) está estudiando los rangos estratigráficos de varios grupos fósiles a lo largo del lapso cubierto por el Pliensbajiense y el Toarciense (Jurásico inferior) en Gran Bretaña y en otras partes, y sus resultados muestran que pueden llegar a estimarse auténticas abundancias de fósiles a partir de una combinación de medidas del nivel de muestreo. La adición de datos relativos a la abundancia en los esquemas estratigráficos clásicos sobre distribución temporal de fósiles añade una nueva dimensión a estos datos y cambia su sentido significativamente. Estos estudios contribuirán a enriquecer nuestro conocimiento del supuesto episodio Pliensbaquiense-Toarciense, y deberían aplicarse consecuentemente a otros estudios semejantes.

Al utilizar cálculos de abundancia relativa en el análisis de los grupos de diversidad de los rangos de taxones fósiles, aparecen nuevos datos que permiten una mejor aproximación cualitativa y cuantitativa al destino final de estos taxones. En particular, el proceso de declive de un grupo antes de un episodio puede quedar mucho mejor documentado. La abundancia relativa de datos correspondiente al rango estratigráfico conocido de un taxón fósil puede ser también utilizada para complementar los cálculos directos de intervalos de confianza (Strauss y Sadler, 1989; Marshall, 1990).

Referencias

Benton, M.J., 1987, «Mass extinctions among families of non-marine tetrapods: the data», *Mémoires de la Société Géologique de France,* 150, págs. 21-32.

Benton, M.J., 1993, *The Fossil Record 2,* Chapman & Hall, Londres.

Benton, M.J. y G.W. Storrs, 1993, «The quality of the fossil record: comparing stratigraphic and phylogenetic data» *Nature, en prensa.*

Gauthier, J., A.G. Kluge y T. Rowe, 1988, «Amniote phylogeny and the importance of fossils», *Cladistics,* 4, págs. 105-209.

Goodman, M., 1989, «Emerging alliance of phylogenetic systematics and molecular biology: A new age of exploration», en B. Fernholm, K. Bremer y H. Jornvall, eds., *The Hierarchy of Life,* Elsevier, Nueva York, págs, 43-61.

Harland. W.B., C.H. Holland, M.R. House, N.F. Hughes, A.B. Reynolds, M.J.S. Rudwick, G.E. Satterthwaite, L.B.H. Tarlo y E.C. Willey, 1967, *The Fossil Record: A Symposium with Documentation,* Geological Society of London, Londres.

Hennig, W., 1981, *Insect Phylogeny,* John Wiley, Nueva York.

Macellari, C.E., 1986, «Late Campanian-Maastrichtian ammonite fauna from Seymour Island (Antartic Peninsula)», *Journal of Paleontology,* 60, págs. 1-55.

Marshall, C.R., 1990, «Confidence intervals on stratigraphic ranges», *Paleobiology,* 16, págs. 1-10.

Maxwell, W.D. y M.J. Benton, 1990, «Historical tests of the absolute completeness of the fossil record of tetrapods», *Paleobiology,* 16, págs. 322-335.

Nelson, G.J., 1969, «Origin and diversification of teleostean fishes», *Annals of the New York Academy of Sciences,* 167, págs. 18-30.

Norell, M.A. y M.J. Novacek, 1992, «The fossil record and evolution: comparing cladistic and paleontologic evidence for vertebrate history», *Science*, 255, págs. 1690-1693.

Novacek, M.J., 1992, «Fossils as critical data for phylogeny» en M.J. Novacek y Q.D. Wheeler, eds., *Extinction and Phylogeny*, Columbia University Press, Nueva York.

Patterson, C., 1981, «Significance of fossils in determining evolutionary relationships», *Annual Review of Ecology and Systematics*, 12, págs. 1995-223.

Platnick, N.I., 1979, «Philosophy and the transformation of cladistics», *Systematic Zoology*, 28, págs. 527-546.

Raup, D.M., 1972, «Taxonomic diversity during the Phanerozoic», *Science*, 215, págs. 1065-1071.

Sepkoski, J.J., jr., 1993, «Ten years in the library: how changes in taxonomic data bases affect perception of macroevolutionary pattern», *Paleobiology*, 19, *en prensa.*

Signor, P.W., III, 1977, «Species diversity in the Phanerozoic: a reflection of labor by systematists?» *Paleobiology*, 3, págs. 325-328.

Strauss, D. y P.M. Sadler, 1989, «Classical confidence intervals and Bayesian probability estimates for ends of local taxon ranges», *Mathematical Geology*, 21, págs. 411-427.

Ward, P.D., 1990, «The Cretaceous/Tertiary extinctions in the marine realm. A 1990 perspective», *Special Paper of the Geological Society of America*, 247, págs. 425-432.

Coloquio

Antonio Fontdevila: Con respecto al aumento que observa en el número de familias a lo largo del tiempo, usted ha citado algunas excepciones, como los primates o los artiodáctilos, en donde no se da este incremento. ¿Cree usted que estas diferencias son auténticas o más bien debidas a la aplicación de diferentes criterios en la clasificación, por ejemplo entre aves y mamíferos?

Michael J. Benton: A nivel de familias, he intentado encontrar algún método que permita determinar la fiabilidad con la que se han establecido las familias. Una primera aproximación muy simple que se me ocurrió y que no permite una comprobación a gran escala es fijarse en la cantidad de familias de mamíferos vivientes que se han detallado en los sucesivos compendios a lo largo de varios años. El número de familias de mamíferos vivientes ha permanecido muy constante desde hace unos 200 años, excepto para algunos casos raros de Australia y Sudamérica. En este sentido existe una cierta estabilidad. No sabría decir si ello responde a un auténtico reflejo de la realidad biológica o que todo el mundo está de acuerdo con este *statu quo* y prefiere no discutir. Conociendo la psicología de los sistemáticos, sospecho que si tuvieran razones para no estar de acuerdo ya lo habrían puesto de manifiesto, porque los mamíferos vienen siendo estudiados desde hace mucho tiempo y las divisiones en géneros y familias han permanecido muy constantes, al igual que con las aves. Esto mismo sucede con el registro de mamíferos fósiles, en donde el número de familias ha variado menos que entre los reptiles y otros grupos peor estudiados. Si comparamos con el registro de familias fósiles, muchas de ellas han sido descartadas, pero también se han descrito muchas nuevas, por lo que los cambios van en ambos sentidos. Pero a gran escala lo que se observa es un incremento general del número de grupos. También se observa un incremento pequeño pero estadísticamente significativo de la duración de las familias a través de los tiempos.

David G. Jenkins: Creo que la gente que trabaja con amonites en la sección de Zumaya ha tenido mucha suerte, porque allí los amonites se comportan muy bien. Parece como si se extinguieran antes del límite Cretácico-Terciario. Hasta la década de los ochenta, también los foraminíferos funcionaban muy bien. Las especies del Cretácico superior se extinguían antes o justo en el límite Cretácico-Terciario. Pero la investigación en otras secciones muy buenas ha permitido observar que algunas especies traspasan este límite hasta el Terciario basal (Daniense). Si nos fijamos en determinadas especies, no hay disminución en el número de especímenes desde el Cretácico superior (Maastrichtiense) hasta el Terciario basal (Daniense). Como se parte de la hipótesis previa de que el nivel de iridio debe corresponder a un episodio de extinción, se concluye que los especímenes que quedan por encima del límite Cretácico-Terciario deben estar resedimentados, excepto una o dos especies. ¿Sería posible mediante sus estadísticas testar si la presencia de estas especies por encima del límite es real o se debe a la resedimentación?

Michael J. Benton: Creo que para afirmar que algo está retrabajado o resedimentado hay que contar con alguna evidencia sedimentaria de ello. No veo cómo se podría comprobar de otra manera. Desde luego no es correcto afirmar que algo está resedimentado simplemente porque no concuerda con lo que uno espera. Tomando los dinosaurios como ejemplo, grupo con el que estoy familiarizado, sigue habiendo gente que dice encontrar restos de ellos en la base del Terciario. Por lo que conozco, se han dado centenares de casos, pero siempre se trata de dientes aislados o pequeños fragmentos. En estos casos se podría utilizar un test consistente en calcular el número de dientes aislados que aparecen en un tipo de roca y compararlo con lo que se encuentra en otros niveles del mismo tipo en donde se encuentren restos más sustanciales (como esqueletos parcialmente articulados y otros). Es muy posible entonces que con un nuevo proceso de erosión y sedimentación, los restos articulados desaparezcan y los dientes aislados sean más fácilmente resedimentados. Calculando la proporción en que salen unos y otros podemos testar esta hipótesis. Pero en el caso que usted comenta de formas unicelulares microscópicas, sólo nos queda ver si hay evidencias de bioturbación u otras señales directas de retrabajamiento.

Eustaquio Molina: Conozco el problema de los amonites en Zumaya y mi experiencia en foraminíferos planctónicos, desde el límite Cretácico-Terciario hasta el Oligoceno inferior, es distinta. Cuanto más detallado es el muestreo, más gradualistas nos volvemos, porque los foraminíferos planctónicos tienen un registro muy continuo y muestreamos cada dos o tres centímetros en torno al límite. Cuando nos alejamos del límite, muestreamos cada cinco centímetros. Por lo tanto, si tomamos una muestra un metro por encima y un metro por debajo del límite, damos una interpretación completamente catastrofista: aparentemente todo se extingue en el mismo momento. Pero cuando se muestrea con mucho detalle, todo parece más gradual.

¿Pueden ser de origen endógeno las grandes catástrofes de la biosfera? La otra sombra de Gaia

Ramón Margalef

La asimetría del cambio natural

La vida es historia: es persistencia y cambio. Una persistencia relativa, que incluye cambios lentos que parecen inevitables y, en esta medida, son hasta cierto punto anticipables. Los cambios realmente importantes significan discontinuidades mucho más señaladas, que cortan o interrumpen la historia de manera impredecible, dejando abierto un interrogante sobre el futuro.

La actitud personal con que coloreamos los cambios suele variar con la edad: es natural que las personas mayores nos sintamos más cómodas en el mundo si lo creemos previsible, o en un segmento previsible de nuestro mundo local, mientras que la juventud puede poner más esperanzas en cambios notables, que quiebren un futuro demasiado monótono o sin interés, o, simplemente, que pongan remedio a lo que se percibe como «falta de futuro». Vale la pena recordar estas cosas triviales como paradigmáticas de aspectos fundamentales de la evolución biológica. Ha habido cambios a todas las escalas y siempre han ejercido una especial fascinación lasa grandes catástrofes o discontinuidades —el final del dominio de los dinosaurios, pongamos por caso— que se ven como hitos importantes puestos a lo largo de la historia de la Tierra y de la vida.

Todos los cambios naturales a nuestra escala, por comportar algún trasiego de energía, con el consiguiente aumento de la función de entropía, son propiamente irreversibles, y lo parecen más aún cuando alternan de manera regular la continuidad gradual y el cambio importante y relativamente brusco. Al crecimiento o desarrollo individual no sucede el des-crecer, sino la muerte, que remata todo proceso individual de desarrollo y autoorganización. Es cierto que hay algunos animales, como las planarias, que aparentemente constituirían excepciones, porque, privados de alimento, experimentan una regresión morfológica, reduciendo su masa corporal hasta retornar a un tamaño equivalente al que tenían al nacer, pereciendo entonces. Es significativo que, aún en este caso, crecimiento y decrecimiento nunca son simétricos y, por lo menos aquellos componentes somáticos más asociados con la función de servir de soporte a la información, no se reducen en la misma medida que los demás componentes del cuerpo. Es un modelo de cómo cualquier regresión de una organización nunca reproduce en sentido inverso el proceso anterior que condujo en primer lugar a adquirir la organización.

En la realidad de la naturaleza, el inescapable cambio gradual, lento e irreversible alterna con discontinuidades catastróficas, de forma que cualquier representación gráfica de los aspectos cuantificables de la historia toma la forma de un perfil en dientes de sierra. En un mismo estilo se asocian secuencias diferentes a diferente escala y de distinta longitud, con fluctuaciones pequeñas dentro de otras mayores, en las más diversas combinaciones. Es infinito el número de series que se pueden construir e improbable la repetición exacta de cualquier secuencia. También por esta razón, en la práctica, cualquier secuencia histórica resultaría irreversible, aun sin la imposición termodinámica fundamental.

La misma asimetría del cambio caracteriza la cuestión ecológica más allá de la vida individual o de la dinámica demográfica: siguiendo la sucesión normal, el aumento de organización de un ecosistema es lento; pero cualquier ruta opuesta imaginable contiene elementos de brusquedad y catástrofe, con un retorno súbito y desorganizado a un estado equivalente al inicial o a otro cualquiera que ya fuera superado.

No sólo existe paralelismo, sino acoplamiento operativo entre sucesión y evolución, ya que las líneas filéticas quedan más o menos encajadas en el cambio regular a que están sujetos todos los segmentos de la biosfera. De manera que es natural que el carácter asimétrico de los cambios, en relación con el tiempo, se propague de la sucesión de los ecosistemas a la evolución de las especies. El tipo de correspondencia que así se origina ofrece numerosos motivos de interés (Valentine, 1968; Margalef, 1986; Plotnick y McKinney, 1993) y seguramente contiene la clave de muchas regularidades que se manifiestan en las líneas filéticas.

Sobran, pues, razones para interesarse de un modo especial por las discontinuidades o cambios catastróficos en la biosfera: son, a la vez, un ejercicio que viene a ser una especie de caída libre en un vacío y el posible descubrimiento de nuevas posibilidades de creación.

Paralelamente al tema biológico como tal, el presente interés por la modelización matemática ha llevado a explorar la posible aplicación de la teoría matemática llamada de las *catástrofes* (Thom, 1972; Poston y Steward, 1978; Zeeman, 1972) al estudio de los segmentos más impredecibles de secuencias naturales, es decir, a la parte genuinamente irreversible de las secuencias, en el entorno de sus puntos discontinuos o no diferenciables, tal como se reconocen en el período otoñal del ciclo anual de la vida, especialmente en las regiones templadas y frías, o en el contraste entre el paulatino desarrollo de flores y faunas y la forma en que son diezmadas por grandes *catástrofes* naturales.

El uso de la misma palabra catástrofe, en la teoría matemática y en la práctica ecológica, seguramente no corresponde a la existencia de analogías profundas. En su expresión matemática, se trata de ecuaciones de tercer grado que manifiestan discontinuidades especialmente elocuentes en representación gráfica. En pocos casos se podría aceptar que describen bien las asimetrías y transiciones bruscas, tal como se dan en la naturaleza, aunque pueden servir, por ejemplo, para encuadrar el proceso de la destrucción relativamente rápida de una termoclina que se formó de manera gradual.

El modelo generalizado de la sucesión ecológica

La sucesión ecológica no es una progresión organizativa hacia una clímax mítica; hay otras maneras mejores de tratar de entenderla. En una aproximación física, variacional, la sucesión haría máxima la acumulación de información dentro de lo que permite un determinado aumento de entropía en el ecosistema. De manera más pragmática, la sucesión queda definida estadísticamente por la asimetría de la matriz que expresa un sistema de probabilidades de transición entre todos los estados posibles, en la medida en que éstos son definibles. Pues la descripción y delimitación de dichos estados plantea, a su vez, problemas que de momento no nos conciernen.

El significado de una matriz análoga o equivalente a la anterior, pero referida a la distribución de las clases de edad para cada una de las especies, es obvio: en cada periodo de su vida un individuo puede sobrevivir, pasando al periodo siguiente, o morirse; lo que no puede hacer es volverse más joven ni tampoco acelerar su envejecimiento cronológico. En un ecosistema, el paso de cualquier etapa a otra poco diferente, o bien de mayor biomasa y de tasa de renovación algo más lenta, es siempre probable, y se hace de manera gradual, sin quemar etapas; pero cualquier cambio en sentido opuesto acontece de modo desorganizado y rápido, pudiendo ir a caer, de forma irregular, a etapas análogas —o por lo menos comparables— a las que habían sido superadas hacía mucho tiempo.

Es el caso del bosque que ha acumulado madera durante 50 años (segmento «normal» de la secuencia) y se quema en un día (acontecimiento «catastrófico»). En una situación estacionaria es siempre más probable «avanzar» un poco que perder organización; pero el retorno «hacia atrás», que suele ser menos frecuente, siempre quema etapas, es decir, retorna a situaciones probablemente comparables a otras que habían podido ser superadas hacía ya mucho tiempo. Mientras que un bosque que crece no es noticia, un bosque que se quema puede serlo. Por la misma razón, las extinciones masivas de organismos en el pasado son noticia y gran noticia (Alvarez,

1980, 1989; Alvarez y colabs., 1982; Hallam, 1989; etc.), exagerada hasta el mito en los medios de comunicación presentes y con referencia particular al final de ilustres dinastías de dinosaurios.

Entretanto, el trabajo de la vida y su evolución transcurren sin despertar mayor atención. Es palpable la asimetría exagerada entre la lenta evolución y constitución de floras y faunas de gran diversidad y complicados ecosistemas, y su ruina masiva y relativamente rápida, en episodios constructivos que parecen originarse en no se sabe dónde. Aunque se sepa, continúan viéndose como impredecibles, en relación con la organización local y temporal de la biosfera. La novedad tiene muchas formas y, ciertamente, la capacidad destructiva de la humanidad actual hubiera sido poco predecible en los albores de la hominización.

Irreversibilidades comparables, aunque de menor monta, se observan a todas las escalas. Tomemos como ejemplo las asociadas al paso de las estaciones. Es claro que el otoño no es como la primavera tomada en sentido inverso. Y semejantes modalidades de cambio no son exclusivas de los sistemas vivos: su matriz física está también sometida a un régimen comparable y a menudo es la causa inmediata de los cambios. Los dinosaurios se extinguieron porque su entorno varió de manera demasiado rápida para que la evolución pudiera acompasarse a ella, y seguramente más por esta razón que por alguna otra causa interna, tal vez de tipo genético, que pudiera imaginarse.

Un buen ejemplo de cambio «catastrófico» (también en el sentido de que se le puede aplicar un modelo matemático comprendido dentro de la teoría de las catástrofes) aparece en el contraste entre la lenta formación de una termoclina (capa aproximadamente horizontal de fuerte gradiente térmico) en océanos y lagos, y su desaparición, que es la parte no diferenciable o catastrófica del ciclo. La termoclina aparece por calentamiento progresivo a partir de la superficie y se destruye por convección otoñal, que procede con mayor rapidez y menor regularidad. Formación y destrucción no son secuencias que se puedan comparar invirtiendo sencillamente una de ellas y proyectándola sobre la otra, como tampoco lo son las secuencias que se observan en los sedimentos fluviales, testimonio de las fluctuaciones entre los que corresponden a un caudal normal o con tendencia a decrecer y los depositados por una riada. Cada riada empieza de manera discontinua dejando materiales muy gruesos, a continuación vienen guijarros y arenas de grano progresivamente menor, y al final estos sedimentos pueden dar paso a los materiales groseros de la siguiente riada.

No son los procesos normales de autoorganización, pero sí los importantes cambios inesperados o catastróficos, los que son noticia, y aquellos que constituyeron el tema de la serie de conferencias reunidas en este libro. En ellos se manifiesta exageradamente la asimetría, en relación con el tiempo, entre los episodios de autoorganización —que en la práctica son superponibles o comparables a las sucesiones ecológicas y que han servido de marco al progresivo desarrollo y evolución de los diversos grupos de plantas y animales (Margalef, 1986, 1991)— y cambios súbitos o repentinos, que parecen ser de causación sorprendente o misteriosa cuando nos imaginamos en el interior de los ecosistemas y entre los organismos que los forman.

Relación entre la intensidad de las catástrofes y su frecuencia

A cada cambio extraordinario, a cada catástrofe, se asocia un trabajo, hecho posible por la liberación de energía externa, exosomática o del clima. Esta energía permite, por lo menos en teoría, cuantificar la catástrofe en cuestión, sea una colisión astral, una erupción volcánica, la aceleración en los movimientos de las placas continentales, o la intensificación de la mezcla vertical de las aguas en un lago o en el océano.

La distribución de las catástrofes a lo largo del tiempo sigue una dinámica aleatoria propia, aunque no exenta de regularidades, como las que, pacientemente, se tratan de reconocer analizando los registros de terremotos, tsunamis, erupciones volcánicas o, para ir directamente a los acontecimientos que ahora más nos interesan, las glaciaciones o las colisiones de la Tierra con meteoritos o planetoides. La única generalización válida parece ser que los impactos muy severos son siempre menos frecuentes que lo más suaves.

En una primera aproximación, se podría relacionar el logaritmo de la intensidad de cada tipo de acontecimiento catastrófico (I) —cuantificada por la energía que aproximadamente se le pueda asignar—, con el logaritmo de la probabilidad (P) de que ocurra, que pasa a ser el logaritmo de su frecuencia si se trata de algún tipo recurrente de perturbación, como los inviernos más o menos crudos, glaciaciones, quizá también la causa todavía misteriosa de las mayores extinciones de especies, en las que se ha querido reconocer una periodicidad de treinta y tantos millones de años (Raup y Sepkoski, 1984).

Raup y Sepkoski y muchos seguidores postulan una periodicidad regular en la ocurrencia de grandes extinciones; pero otros supuestos matemáticos y estadísticos se pueden ajustar a los datos de manera no peor (Kitchell y Peña, 1984) y quizá resultan más razonables. La periodicidad más perfecta se trató de explicar por asociación con movimientos astronómicos supuestamente regulares. Porque los movimientos de los astros, por los que tradicionalmente se rige nuestro tiempo, inducen a creer en la periodicidad regular de muchos fenómenos naturales, lo cual es una ilusión profundamente estimada. Hace pocos años se ponderó reiteradamente la capacidad de predicción de la «ciencia» con ocasión del retorno del cometa Halley. Lo que los medios de información generalmente no añadieron es que llegó con un ligerísimo retraso y físicamente degradado.

Una regularidad total es impensable, por lo cual cobra mayor importancia la técnica de hacer las observaciones y evaluar los períodos o ciclos. En el estudio de series naturales —lluvias, cosechas, etc.— a veces se practicaba una «suavización» de los datos, técnica que, por lo menos, introduce periodicidades espúreas. Normalmente se intenta ajustar la serie de valores observados a una suma de funciones armónicas: el inevitable residuo probablemente contiene lo más interesante.

Los grados de la escala que se usa para clasificar los terremotos por su intensidad son groseramente proporcionales a los logaritmos de las respectivas energías implicadas, lo cual simplifica ya la búsqueda de relaciones, dentro del marco sugerido unos párrafos atrás. De entrada, para terremotos, erupciones volcánicas y otros fenómenos naturales se podría aceptar provisionalmente una relación inversa entre la probabilidad (P) y la intensidad (I) del fenómeno (P $= I^{1/f}$; log I $= -$ f log P), expresión que se puede mejorar según convenga, atendiendo al resultado de aproximaciones estadísticas, como las que introducen la relación entre la amplitud o rango total de la variación y su desviación normal.

Dentro de cada expresión analítica o estadística que sea globalmente válida, es posible imaginar o construir un número ilimitado de secuencias. En las secuencias reales, generalmente se manifiestan particularidades de detalle o aparentes irregularidades que, por ser de importancia práctica, llevan a introducir modificaciones en los modelos, o bien modelos complementarios que pretenden dar razón de impactos solitarios exageradamente intensos, o tipos de impactos que se repiten durante unas épocas (ejemplo, las glaciaciones) y faltan en otras.

La misma relación doble logarítmica se ha aceptado para los impactos de meteoritos. Chapman y Morrison (1994) aceptan que la discontinuidad K/T —la que puso fin al Mesozoico— fue debida al impacto de un gran meteorito al que asignan la probabilidad de un impacto semejante cada 10^8 años y un efecto equivalente a 10^8 MT (toneladas de trinitrotolueno, TNT; 1 MT $= 4{,}2$ x 10^{15} J). Al bólido de Tunguska, que se precipitó sobre Siberia en 1908, le asignan una energía de 10 MT, y una frecuencia entre el siglo y el milenio. Estas y otras especulaciones y los correspondientes modelos estadísticos permiten intentar descripciones globales interesantes, aunque no pueden ayudar a realizar los deseos de predicción.

Es fácil, con ayuda de la simulación si hiciera falta, darse cuenta de la imposibilidad de predecir el tiempo atmosférico, los cambios ecológicos importantes, la extinción de especies. La naturaleza no es lineal y el entramado de conexiones causales genera un número infinito de posibilidades, manteniendo, eso sí, un contraste innegable entre lo que es el cambio lento, relativamente anticipable, y la caída en la «imprevista» catástrofe, de la que tal vez saldrán nuevos mundos.

De manera general y aproximada, que no permite predicciones precisas, las perturbaciones se escalonan desde el Big Bang, acontecimiento único de intensidad máxima, hasta el tictac del reloj cotidiano de la vida, que, a pesar de su frecuencia muy elevada, implica enormes diferencias energéticas en el reparto de la radiación incidente —la diferencia que va del día a la noche—. El estudio de terremotos y erupciones volcánicas ha estimulado considerablemente la búsqueda de relaciones entre frecuencias e intensidades, siempre dentro del esquema general ya esbozado. Aunque regularidades comparables se observan una y otra vez, su misma naturaleza las hace poco utilizables para intentar predicciones que valgan para algo.

A la misma regularidad general, pero falta de la regularidad más precisa que sería deseable para hacer predicciones, se ajustan fenómenos a escala cósmica, desde la aparición de *novas* hasta la distribución de las explosiones de rayos gamma, que proporcionan numerosas sugerencias útiles acerca de la distribución probabilística de aquellos fenómenos que cubren el territorio que queda entre lo catastrófico y lo habitual. Aquí se sugieren aproximaciones matemáticas como las indicadas, asociables también a los conceptos de criticalidad (Bak y colabs., 1988) y del ruido 1/f.

Se comprende que ayuden poco a hacer progresos útiles para el naturalista: en la práctica, una genuina «catástrofe» nunca podrá ser correctamente anticipada, aunque una vez ha ocurrido pasa a ocupar el lugar que le toca, no sólo en el correspondiente catálogo, sino también en un esquema de comportamiento colectivo que se verá como satisfactoriamente regular.

Así pues, reconocer una causación independiente aleatoria se podría considerar como científicamente estéril. Sin embargo es un argumento del que siempre se puede echar mano. Al fin y al cabo no se hace otra cosa cuando se postula un meteorito complaciente que nos explique un hito importante en la marcha de la evolución y de la diversificación de la vida. Es el *deus ex machina* que debe salvar la coherencia de nuestro discurso. Cambiar el meteorito por alguna otra causa, aunque ésta quede más cerca de nosotros, por lo menos en apariencia, no mejora la probabilidad de acertar las predicciones.

Catástrofes endógenas

El contraste entre la sucesión ecológica y la respuesta a la perturbación de origen exógeno es ampliamente generalizable en relación con las características de la biosfera y de su evolución (Margalef, 1991). Yendo un poco más allá en el análisis, se puede argumentar que muchas veces lo que parece ser una perturbación súbita e imprevisible, no es necesariamente de origen externo, sino que puede ser consecuencia de la actividad del propio sistema (ecosistema). El funcionamiento de la biosfera tiende redes o dispone trampas que, una y otra vez, en el curso de los tiempos geológicos, han causado la ruina de innumerables estirpes. Al fin y al cabo, la muerte individual se puede llegar a considerar como un ingenioso invento de la vida. La biosfera ha sido y es repetidamente invadida por dinámicas generalizadas y seguramente no sostenibles, entre ellas las impuestas por nuestra civilización, que devora la diversidad biótica a través de una aceleración simplificadora.

Las cadenas de acontecimientos que están detrás de tales cambios presuponen generalmente algún mecanismo autoorganizador y acumulador que opera durante cierto tiempo hasta que se dispara. La especie humana, o por lo menos su fracción más poderosa, está ahora actuando como otro más de estos mecanismos. Las consecuencias de tal funcionamiento se han de ajustar también, y más aún si cabe, a la regla general de que las perturbaciones más intensas son, a la vez, las menos frecuentes.

El crecimiento de un bosque es muy diferente del incendio que lo destruye. El fuego resulta favorecido por frecuentes temporadas de sequía y por la acumulación de ramaje y madera muertos, que, a su vez, dependen del clima local y de la intensidad y tipo de la actividad biológica. El intervalo entre incendios sucesivos puede guardar relación con la intensidad del crecimiento y grado de estructuración del bosque.

Las avalanchas de nieve proporcionan otro excelente ejemplo del resultado de procesos semiautónomos, que operan como si dieran cuerda a un mecanismo de resorte, que lleva en sí la causa de una profunda alteración y reconstrucción, y se manifiesta de manera súbita o catastrófica, en un momento que no es previsible con exactitud, aunque hasta cierto punto es manipulable (provocar el fuego de intento, mover la nieve). Es aceptable la aproximación matemática a este tipo de fenómenos, dentro del concepto ya mencionado de la criticalidad, y más precisamente de la criticalidad autoorganizada.

No han faltado consideraciones semejantes en relación con el análisis de ciclos económicos y también para explicar las discontinuidades impuestas a la historia humana por la expresión bélica de conflictos agudizados. Y esto desde hace tiempo. Han gozado de notoriedad las ondas de periodo largo (unos 50 años, o sea, el tiempo aproximado de dos generaciones humanas) del economista marxista Kondratieff, así como otras especulaciones o modelos comparables. Se podría argüir que nuestro sistema social es tan perfecto que sabe generar sus propias catástrofes, de la misma manera —y éste es el argumento y la motivación de estas páginas— que, seguramente, no hacen falta las intervenciones externas de grandes meteoritos para explicar la historia de la evolución de la vida sobre la Tierra, incluyendo los episodios que, pasados, se ven como catastróficos. Los mecanismos endógenos generadores de «catástrofes» en nuestra Tierra consisten, en primer lugar, en la estructura de una corteza con placas móviles e incesantemente activas y, luego, en interacciones entre la periferia del planeta y su biosfera.

El análisis de las perturbaciones sociales endógenas autoriza a los más optimistas —es un decir— a intentar predicciones. Un creyente como Goldstein (1988) se atreve a profetizar (pág. 353): *«As a first approximation, I suggest the period around 2000 to 2030 as a "danger zone" for great power war».*

Todo lo anterior sirve de exordio a mi intención de expresar una opinión crítica en relación con el abuso que significa el conjurar cualquier gran meteorito complaciente para explicar algún cambio catastrófico que se nos manifieste en el registro geológico y paleontológico. En realidad, la retrodicción (Penrose, 1989, usa «retrodicted», pág. 317) no lo tiene más lucido que la predicción. Nadie duda, por supuesto, que la Tierra ha recibido muchos impactos de cuerpos celestes. Basta contemplar una fotografía desde el espacio, o un mapa del Canadá oriental. Y la consideración de la faz de la Luna, que vemos como picada de viruelas, sirve además para recordar inmediatamente el tipo de distribución ya anunciado. Los impactos mayores, o los cráteres de mayor diámetro son escasos, pero el número va creciendo a medida que consideramos clases de cráteres de diámetro progresivamente más pequeño.

La historia de la Tierra y de la vida que contiene ofrece numerosas discontinuidades y catástrofes. La mayoría de ellas coinciden, de manera no sorprendente y que dice mucho en favor de los geólogos y paleontólogos del pasado, con los límites que se adoptaron como separaciones convenientes entre las eras y períodos tradicionales. En lo que sigue, los comentarios se centrarán especialmente sobre una de las transiciones que ha atraído mayor atención, la K-T, entre el Cretácico (final del Mesozoico o «Secundario») y el Terciario.

Sigue siendo incierto atribuir esta transición a un meteorito preciso. Quizá haya demasiados sospechosos y cada uno de ellos podría ser demasiado pequeño. Pero ha de recordarse que se nos hurta a la exploración una fracción del antiguo fondo marino, devorado y reconstruido por procesos de subducción. Recientemente (desde 1991) parece que se tiende a identificar como máximo sospechoso el impacto de Chicxulub (Sharpton y colabs. 1992), en el norte de Yucatán, y cuyo testimonio yace enterrado bajo un grueso espesor de sedimento. La cicatriz dejada por este impacto alcanza tal vez unos 180 km de diámetro, y se puede pensar que no es lo suficientemente grande como para explicar todas las consecuencias que se le atribuyen, a menos que hubiera ido acompañado de otros impactos, o de vulcanismo, como parece probable, o hubiera actuado como detonador de una «bomba» armada por la biosfera, o sea, por la «benevolente» Gaia.

La idea de que las transiciones bióticas principales pudieran asociarse con impactos de grandes meteoritos, propiciada por Alvarez y colaboradores, imaginaba, como mecanismo operativo importante, un aumento de la temperatura y, aún más, la puesta en suspensión en la atmósfera de enormes cantidades de polvo, hasta el punto de oscurecer el cielo y detener la fotosíntesis por bastante tiempo, destruyendo de esta manera, directa o indirectamente, una gran parte de las formas superiores de vida. Esta misma teoría se usó hace unos años con fines pedagógicos y moralizadores para alertar del riesgo de una guerra nuclear, capaz de levantar tanto polvo como para producir un «invierno nuclear» en varios meses y aun de un año o más de duración, que podría acabar, si no con la vida, sí con la humanidad. Por razones políticas del momento, y no porque la humanidad se haya vuelto angelical, hoy se habla mucho menos de este riesgo, uno más de tantos mecanismos conmutadores y amplificadores de energía que la humanidad moderna no cesa de armar.

Ahora bien, para explicar las destrucciones y reconstrucciones mayores de la biotas terrenales ¿es realmente necesario e imprescindible el bólido caído del cielo? Y si lo es, ¿cuál debe ser su magnitud mínima para que el impacto tenga significado global y afecte a toda la biosfera? O ¿por qué parece que los impactos unas veces parecen afectar más a la vida continental y otras a la marina? En una interpretación razonable de la transición K-T, es posible que el cambio afectara sucesivamente primero a la vida marina y luego a la continental. Hay otra motivación que justifica continuar la investigación sobre las consecuencias de los impactos concentrados de grandes meteoritos, y es el deseo de confirmar o rechazar alguna hipótesis, ya señalada anteriormente, sobre una supuesta periodicidad, de origen cósmico, en la distribución de la densidad de los impactos y en sus consecuencias. Los fenómenos astronómicos o cósmicos podrían suponerse más regulares que otro tipo de acontecimientos que serían más comparables, por locales, al incendio de un bosque.

Vale la pena examinar las diversas hipótesis que pudieran explicar grandes perturbaciones generalizadas, o que complementen la probable insuficiencia de un simple meteorito, haciendo intervenir mecanismos de amplificación centrados en el propio planeta. En relación con la transición catastrófica que se viene comentando más particularmente (K/T) y también con otras, hay testimonios de enormes cambios en la dinámica y en la composición del agua de los océanos, que no se corresponden con la inyección directa de la energía asociable con el impacto de un meteorito de las dimensiones que se supone. En el mejor de los casos, el impacto habría disparado una máquina alimentada por energías anteriores, que habrían conducido a crear algún gradiente u otra situación inestable. Hablando con propiedad, una situación de criticalidad autoorganizada.

Se adquiere una idea del enorme potencial de cambio sobre un escenario planetario nada más que imaginando que un astro, por ejemplo la Tierra, adoptara otro tipo de movimiento, modificando la posición e incluso la persistencia de un eje de rotación, amén de su velocidad de giro. Por otra parte, tanto la dinámica de placas como las grandes manifestaciones del vulcanismo ayudan a entender cambios biosféricos importantes, bien asociados con los impactos de cuerpos extraños, bien independientes de ellos.

Reversiones en el efecto Gaia

La biosfera está fundamentalmente asociada a un gradiente vertical de potencial de reducción-oxidación y la actividad de la vida consiste en llevar electrones «hacia abajo» dentro del mundo orgánico. A la vida se atribuye, pues, que se formara una atmósfera oxidante, a la que se adaptaron, forzosamente, muchas especies de organismos aparecidas posteriormente a los inicios, entre las que nos contamos. La tensión por mantener este gradiente puede experimentar recaídas que nos devuelvan al pasado, y en esto estamos.

Ahora se habla y escribe mucho sobre el «efecto invernadero». La acelerada combustión del carbono reducido, que fuera acumulado por la actividad pasada de la biosfera, parece amenazar la calidad de nuestra atmósfera e incluso su aptitud para seguir manteniendo la vida de la humanidad. Un efecto importante del que toma el nombre, consiste en que una mayor concentración de CO_2 en el aire —tal como hace el cristal de un invernáculo— absorbe la radiación de onda larga que devuelve la Tierra y así contribuye a aumentar la temperatura en las capas bajas de la atmósfera.

Estaríamos, pues, inmersos en el cambio —relativamente catastrófico— que culmina e invierte el proceso directo, lento y gradual, por el que disminuyó la concentración de CO_2 de la atmósfera primitiva. En otras palabras, el consumo de combustibles fósiles y la destrucción de la biomasa de la vegetación y de la necromasa del suelo van más aprisa de lo que fuera su gradual acumulación en el pasado y, desde el futuro, el agotamiento de las mayores reservas de dichos combustibles por la humanidad, a la escala de tiempo geológica, se podrá ver como una catástrofe instantánea, la reversión, relativamente rápida, a una situación original o primitiva.

Para tener una idea de lo que significa, pensemos que la carga suplementaria de carbono oxidado que vierte directamente en la atmósfera ya va camino (6:110) del 10 % de la producción primaria de la biosfera (que estaba compensada aproximadamente por su respiración y retorno naturales).

Situaciones equivalentes se han dado en el pasado, en escenarios diversos y con resultados no siempre catastróficos. Confiemos que la situación actual encuentre una salida inocua para la humanidad. Los océanos presentes están en condiciones de retener cantidades enormes de CO_2 aunque parece que semejante mecanismo no ha empezado a funcionar en serio como amortiguador. Lo cierto es que el CO_2 atmosférico está aumentando menos de lo que se podía temer, y aunque todavía no se sabe muy bien dónde ha ido el que se está echando de menos, no parece que haya ido a parar todo al océano.

CARBONO FLUYENTE, EN MILES DE MILLONES DE TONELADAS
(Gigatoneladas [Gt] o petagramos [Pg]). Números redondos, fundamentados en estimas recientes)

En la atmósfera, como CO_2	648
Disuelto en los océanos	40.000
Carbonatos en suelos	750
Biomasa continental	800
Biomasa marina	10
Necromasa (C orgánico) en la biosfera	
continental	1.600
marina	700
Reservas de «combustibles fósiles»	5.000
Producción primaria anual	110
Emisión anual por las actividades exosomáticas de la humanidad	6

Mientras que ahora se teme el retorno a la atmósfera del carbono reducido, acumulado principalmente en el carbón y el petróleo, en épocas geológicas pasadas el carbono separado de la atmósfera en forma de CO_2, pudo haberse acumulado en forma de gas en los estratos profundos de océanos que estaban más estratificados que los actuales. De esta forma la capacidad de almacenar gas era fantástica. En cierto momento posterior, dicho gas pudo ser expulsado violentamente. En cualquier caso, desde una perspectiva geológica, la velocidad de este retorno violento podría no ser sustancialmente muy diferente de aquella a la cual la humanidad lleva CO_2 a la atmósfera.

El ciclo global del carbono no es sencillo. Un importante eslabón de la cadena se relaciona con la capacidad de los océanos para retener CO_2 atmosférico, a partir de cierto valor que no ha de ser el mismo en las distintas épocas. Tal actividad de los mares se podría considerar como benefactora, por lo menos para la humanidad, al protegernos de un efecto invernadero brutal, seguido de recalentamiento. En teoría y con su composición actual, los océanos podrían absorber y retener enormes cantidades de CO_2, en un exceso de 200 veces el CO_2 atmosférico, más de 800 000 Gt; pero a condición de que pudiera entrar de la atmósfera y circular hacia abajo con el agua, a buena velocidad, lo cual presupondría unos océanos de circulación y actividad diferente de la actual. En realidad, este eventual transporte de CO_2 hacia el almacén de las profundidades marinas queda bajo el control ejercido por la composición de las capas más superficiales del mar, lo que podríamos llamar la piel viva de los océanos (Margalef, en prensa), cuyas propiedades dependen, de manera esencial, de la actividad de los organismos del plancton.

Un estrato superficial de agua de unas decenas de metros de espesor opera como una válvula, que rectifica los flujos entre agua y atmósfera y genera asimetrías en las respectivas distribuciones de los distintos gases. Las propiedades rectificadoras de las capas superiores de las aguas naturales se manifiestan muy bien en los lagos eutróficos, como hice notar hace ya una veintena de años (Margalef, 1975). Pero la válvula puede perder su función por causas mecánicas, y seguramente la pierde como consecuencia de afloramientos.

Ahora el efecto invernadero puede parecer menos grave de lo que se temía, pero no se ha podido precisar el camino que ha seguido una fracción del carbono que no se sabe muy bien donde ha ido a parar (Sarmiento y Sundquist, 1992). Es claro que las aguas de los océanos eran el primer candidato para alojarlo, pero las capas superficies controladoras parece que han impedido efectivamente el acceso de elevadas cantidades de carbono hacia aguas más profundas y no se han identificado todavía otros lugares donde el almacenaje sea indudable (Siegenthaler y Sarmiento, 1993; Stott, 1992; Watts y Morantini, 1991-93; Hau y McKenzie, 1985). De todas maneras, es forzoso seguir aceptando un papel importante de los océanos en la regulación del CO_2 (Betzger y colabs., 1984; Chen y Millero, 1979; Heinze y colabs., 1991; Maier-Reimer y Hasselmann, 1987).

Existen pruebas de que durante largos períodos de la historia de la Tierra, con mayor frecuencia y en grado incomparablemente mayor que en la actualidad, las mayores profundidades de muchos océanos permanecieron anóxicas o con muy poco oxígeno (Ryan y Citta, 1977; Arthur y Schlager, 1979; Kajiwara y Kaiho, 1992; Schlanger y Jenkins, 1976). El actual Mar Negro puede servir de modelo. En general, la extensión de aguas de baja salinidad por la superficie hace muy estables las masas de agua o impide su mezcla vertical, y se supone que a fines del Cretácico los mares árticos estuvieron desalados y sus aguas pudieron extenderse hacia latitudes más bajas (Gartner y Keany, 1978), con el mismo efecto que ahora se manifiesta en el Mar Negro, que es actualmente de las pocas áreas marinas con fondo anóxico. Hay, pues, abundantes indicios para suponer que el grado de anoxia en aguas oceánicas profundas y también el efecto invernadero de la atmósfera fueron muy intensos, aunque no siempre simultáneamente, en otros momentos también críticos de la historia de la biosfera. A estos efectos hay que añadir las consecuencias, tanto en la atmósfera como en los océanos, de períodos de intenso vulcanismo, como fuente de un suplemento de carbono.

En todas estas situaciones, las aguas profundas acogen grandes cantidades de CO_2 y quizá también de metano (CH_4), tanto de origen biógeno, resultado de la respiración y de las descomposiciones, como volcánico, éste último procedente de la corteza y principalmente de las dorsales oceánicas más activas. En realidad, ahora continúa manando CO_2 en las fuentes termales de algunas cuencas oceánicas profundas y, por supuesto, en los volcanes. Los océanos actuales son excepcionales por estar muy bien ventilados y no acoger más CO_2 que el que está en equilibrio con la atmósfera, pero tras un millón de años de relativo estancamiento, el mar puede acumular suficiente gas carbónico y luego expulsarlo para multiplicar por 2 a 5 veces, fácilmente y con creces, la precedente concentración del CO_2 atmosférico.

Evacuación catastrófica de gases

Una prueba de la efectividad de la retención de CO_2 en el agua la tenemos en diversos lagos africanos, en los que se acumulan gases en profundidad, de origen biógeno o volcánico, mantenidos en solución por la presión hidrostática —como el gas en una botella de champaña o cava—. En lagos de este tipo se puede evacuar artificialmente el gas de profundidad a través de un tubo vertical; primero se aspira para cebar el sistema y el movimiento vertical continúa sustentado por la separación de burbujas de gas en el agua ascendente dentro del tubo.

La evacuación puede ocurrir de manera catastrófica, como respuesta a alguna perturbación en la estabilidad del agua. En Camerún (Kling y otros, 1987; Nojiri y otros, 1990; Freeth, 1992) el lago Monoun estalló literalmente en 1984, y el Nyos en 1986, causando la muerte a mucha gente y a ganado en las inmediaciones de los lagos. Se evalúa que el lago Nyos, de poco más de un km^2 de superficie, liberó 1,5 km^3 de gas. En semejantes situaciones, entre 10 y 200 metros de profundidad, un kilogramo de agua suele contener entre 1 y 10 litros de CO_2.

Por lo que se refiere al mar, no hay constancia de catástrofes semejantes actuales o recientes, puesto que ahora las aguas profundas de todos los océanos están bien oxigenadas en relación con su productividad. Pero debajo de las zonas más fértiles aumenta la concentración de CO_2, que puede salir por la superficie, conducido en solución por las aguas de afloramiento. La evasión de CO_2 en superficie en las aguas del Pacífico ecuatorial central se ha evaluado entre 2 y 15 toneladas de carbono por km^2 (Wong y colabs., 1993). En relación con este mecanismo de transferencia se ha calculado que un solo episodio de El Niño podría devolver a la atmósfera quizá el 0,25 % del CO_2 contenido ordinariamente en la atmósfera actual (Gaudry y colabs., 1987).

Estos antecedentes llevan inexcusablemente a sospechar que hacia el fin del Cretácico los océanos estaban fuertemente estratificados, con evidente acumulación de CO_2 en las capas profundas. No hace falta postular que esta condición se extendiera a todos los océanos mundiales. La estrecha región donde se estaba abriendo el Atlántico, desde hace unos 80 millones de años, parece idónea para servir de escenario a un acontecimiento del tipo que se comenta.

Ejercitando algo más de fantasía, quizá menos justificable, se podría pensar que, en un Atlántico ya algo más ensanchado, el inicio de un nuevo régimen bajo el cual los afloramientos marinos se instalarían y generalizarían hubiera podido acelerar la evacuación masiva de CO_2 hacia la atmósfera, manifiesta luego en deslizamientos de materiales costeros, secuelas también de inmensos tsunamis y seguida inmediatamente por un intenso efecto invernadero, del que existen amplias pruebas, que se suman a las de la moderadamente buena conservación y posterior expansión de la flora y vegetación terrestres.

Situación final y señales asociadas a la transición

Cabe examinar con algo más de detalle los efectos esperables y los comprobados, a fin de delinear una teoría aceptable, por lo menos provisionalmente, sobre la base de las pruebas biológicas (distribución de organismos), sedimentológicas y químicas (principalmente razones isotópicas).

Antes de experimentar una perturbación, que debería ser en un principio de tipo mecánico, estos mares habían estado notable y persistementemente estratificados por densidad; las aguas profundas serían anóxicas y contendrían una vida «superior» escasa. Hay buenos indicios (Arthur y Schlanger, 1979) de la acumulación de hidrocarburos (baja concentración de C^{13}). Ya a profundidades moderadas, los materiales calizos se disolverían completamente, pero el carbonato cálcico podía precipitar muy bien cerca de la superficie, donde vivían muchos organismos calcificados (corales, diversos moluscos, *Hippurites*). De esta forma se habría producido una migración vertical, hacia arriba, de grandes cantidades de calcio. Muchos de los organismos dominantes en el bentos a poca profundidad estaban asociados con simbiontes fotosintetizadores. Sería muy interesante conocer los simbiontes de los *Hippurites* por si pudieran haber sido verdes y adaptados a un pH relativamente alto. La facilidad de depositar carbonato cálcico en superficie y el riesgo que representaba el descender a aguas anóxicas profundas pudieron actuar como factores selectivos en la evolución de los cefalópodos con grandes conchas y cámaras de gas. No era este, ciertamente, un ambiente propicio a la evolución de eficientes filtradores, que fueran comparables con los actuales cetáceos mistacocetos.

La transición relativamente brusca fue asociada a cambios cuantificables. Uno es en la caída de la diversidad, de acuerdo con la regla general de que la diversidad biótica aumenta gradualmente en condiciones de reposo y disminuye de golpe como respuesta a cualquier aceleración del flujo de energía a través de los ecosistemas. Así se manifiesta en la microfauna fósil inmediatamente después de la transición (Alcalá-Herrera y otros, 1992). Y, por supuesto, en todo el bentos litoral.

Los cambios en la composición isotópica del carbono en restos de organismos y en la diversidad de sus poblaciones marinas son compatibles con el escenario bosquejado. En general, todas las transiciones del mismo tipo, y no solamente la K-T, se caracterizan por una señal que marca un aumento brusco de la concentración de los isótopos más pesados (C^{13} y O^{18}, respectivamente). El C^{13} puede indicar una mayor contribución de la corteza, o venir con el gas de profundidad. El O^{18} aumentado puede indicar la formación de hielo en los casquetes polares, lo que estaría de acuerdo con el descenso del nivel de los mares, que se ha estimado en hasta 200 metros, en relación con el final del Cretácico, periodo en que dicho nivel estaba por encima del actual. Es posible que dicho descenso no durara mucho tiempo.

Después de la transición, seguramente se dió un efecto invernadero, pues las señales isotópicas retornan rápidamente a niveles más semejantes al pasado y el nivel del mar tiende a recuperarse. Puesto que el nuevo océano era de aguas más mezcladas, hay que suponer que la temperatura de la superficie del mar no era tan elevada y que la mezcla con agua de fusión del hielo contribuiría a atenuar rápidamente el máximo, breve, de O^{18}.

El famoso nivel enriquecido en iridio y en otros metales que caracteriza la transición K-T parece postular un origen exógeno y, por tanto, testifica a favor de un gran meteorito, cuanto más que las características isotópicas de éste y otros metales postulan más bien un origen cósmico, y el cuarzo sometido a presión que les acompaña se considera como buen indicador de impacto. Con un poco de fantasía, se puede ver que las detecciones de Ir se disponen envolviendo la parte del Atlántico a la que se aplican especialmente las especulaciones precedentes (Alvarez y otros, 1989). Quizás harían falta unas 500 toneladas de Ir, cuyo origen no es fácil de situar en la Tierra. A menos que pudiera proceder de algún proceso oceánico. En efecto, el Ir podría ser de origen marino, pues lo hay suficiente en el agua, y corresponder a un proceso de precipitación posterior a otro de disolución (Gilmour y Anders, 1989). Las salmueras en la profundidad del Mar Rojo son ricas en metales y los nódulos ferro-manganesíferos comunes en algunas áreas del fondo del Pacífico contienen tambén metales diversos, entre ellos una proporción nada despreciable de Ir.

La frontera K-T se caracteriza por un estrato delgado de una arcilla que parece el residuo de un proceso de descalcificación. Si la superficie de una cuenca marina estratificada tenía poco CO_2 en equilibrio con una atmósfera casi «normal», el rápido movimiento hacia arriba de una gran cantidad de CO_2 ascendente con las aguas profundas pudo ayudar a disolver rápidamente el componente calizo de los sedimentos superficiales, que quedaron en seco al descender el nivel del mar, dejando una arcilla con un aparente enriquecimiento de diversos metales en forma no soluble. Sin embargo, conviene añadir que estratos que se habían visto como indicadores típicos de la transición, han justificado luego interpretaciones menos catastrofistas (Savrda, 1993).

Ya se ha mencionado que los isótopos más frecuentes en los metales que enriquecen la transición K-T no parecen ser los que son más frecuentes en los mismos metales tal como aparecen en materiales terráqueos ordinarios. No se excluye, pues, un meteorito que, además de la contundencia del propio choque, hubiera actuado como disparador de una situación inestable, comparable a la análoga de los lagos africanos de Camerún.

La hipótesis de que el cambio más importante estuviera asociado con una incidencia mayor del régimen de afloramientos, o seguido por dicho régimen, es seductora, también porque después de estos episodios se manifiesta el primer desarrollo notabilísimo de las diatomeas en el plancton marino. Las diatomeas son algas especialmente características de regímenes ascendentes en el agua, indicadores de turbulencia mayor o más generalizada y, en general, de una mayor efectividad de la energía del clima sobre el océano. Esta es el área donde las investigaciones podrán aportar más datos, y probablemente datos muy útiles acerca de la posible aceleración de los cambios controlados por modificaciones en la circulación oceánica, que se puede comparar a un regulador hidráulico del clima del planeta.

El trabajo implicado en la colisión de un meteorito de tamaño considerable —unos 10 km de diámetro— resulta del mismo orden que el trabajo que se puede asociar con la separación y evasión de una cantidad de gas carbónico capaz de duplicar el contenido de CO_2 en la atmósfera. Es claro que no se puede ser escéptico acerca de la colisión repetida y frecuente con meteoritos, pues pruebas sobran, pero una cosa no excluye la otra y existen indicios suficientes de que ha habido acontecimientos catastróficos generados endógenamente o complementados por y en la misma biosfera. O, en todo caso, el elemento extraterrestre pudo proporcionar la sacudida que hizo saltar una bomba que la biosfera había pacientemente dispuesto.

Nuestra civilización puede estar actuando a la misma escala de los acontecimientos que marcaron el fin del mundo Cretácico, y quizás igualmente el final del Pérmico. La vida es tan poderosa que llega a ser perfectamente capaz de montarse sus propias catástrofes. Y en relación con lo dicho antes, se puede pensar que una prognosis apropiada, válida para las circunstancias y los tiempos modernos, podría basarse en la vigilancia y evaluación de la efectividad de los fenómenos de ventilación de los fondos oceánicos, así como de la circulación horizontal marina, observada en algunas localidades críticas y por esto particularmente favorables, donde las fluctuaciones en los flujos globales pueden aparecer amplificadas, como en el Atlántico boreal europeo, o en el estrecho antártico, al sur de la Tierra del Fuego.

Variedad y riesgo de las «bombas» con detonante

El ejemplo comentado amplía la imagen que podemos hacernos del posible origen de grandes perturbaciones en la biosfera. Es como si la misma biosfera fuera construyendo una especie de trampa que se puede disparar en un momento no anticipable, o una bomba que estalla de manera igualmente inesperada.

Una situación más íntimamente asociada con nuestro destino se debe a la aparición en el seno de la biosfera de la especie a la que Linné dió el nombre de *Homo sapiens*, especie capaz de generar cambios de gran entidad, cambios que, a escala geológica se podrán ver (¿por quién?) como prácticamente instantáneos, pues los cambios importantes probablemente no se pueden dilatar más allá de unos millares o decenas de millares de años. Ahora, fundamentalmente, la mayor parte del riesgo procede de la construcción de conmutadores y amplificadores sobre las vías de energía exosomática que nuestra especie controla.

Recordemos que una buena parte de estos procesos, que la humanidad propicia, tienen el mismo signo que el indicado con referencia a los lagos y el probable de los antiguos océanos: el retorno tumultuoso a la atmósfera de una gran cantidad de carbono que la propia biosfera había previamente secuestrado. En el caso de la especie humana, el proceso de retorno consiste principalmente en la extracción y combustión del carbón y del petróleo por la parte de la humanidad que se considera como privilegiada.

En otras ocasiones me he permitido recordar, en un contexto parecido y con finalidad didáctica, el «experimento mental o imaginario» del gato de Schrödinger, aunque cambiando la interpretación y, con ella, el significado del ejercicio, que tal como fuera propuesto tenía como propósito debatir los problemas filosóficos de la indeterminación, en el sentido de discernir si un acontecimiento no había ocurrido hasta que el observador no levantaba acta del mismo. En el ejemplo propuesto se trataba de dilucidar si el gato en cuestión no se podía dar como vivo ni como muerto hasta la constatación final por el observador, lo que implica que antes de tal confirmación se tenía que aceptar que estaba un 50% vivo y un 50% muerto, lo cual es absurdo.

Más sustancialmente, dicho «experimento» consiste en imaginar una caja dentro de la cual hay un generador aleatorio de acontecimientos (material radiactivo que puede desintegrarse, emitiendo o no partículas), más dos entidades complejas colocadas en paralelo: (1) un ser vivo, el gato, que como organismo evolucionado amortigua, neutraliza y supera el efecto de unas pocas desintegraciones, y (2) un artefacto gaticida, que consiste en un amplificador electromecánico químico, que se pone en acción por una o unas pocas partículas emitidas. La humanidad está sembrando por doquier artefactos de efectos comparables a los del gaticida, que vienen a ser otras tantas versiones de posibles trampas dispuestas por otros componentes de la biosfera. En el caso antes comentado, la evacuación del CO_2 acumulado pudo actuar de manera igualmente aleatoria y catastrófica. Recordemos que su acumulación fue el resultado de un largo periodo de una actividad ordenada y hasta cierto punto previsible, biosférica y evolutiva, mientras que la evacuación de CO_2 fue súbita.

Diversas consideraciones posibles en torno al experimento mental del gato de Schrödinger me conducen siempre fatalmente a imaginar que la caja contiene la humanidad y que Dios, de vez en cuando, abre la tapa para ver si ya ha conseguido suicidarse. Con ello se saldría de la duda indeterminista de si hay que continuar viéndola mitad lúcida, mitad estúpida.

En la misma vía fantasiosa, si la tarea de Gaia, la personificación benévola de la biosfera en su vehículo planetario, ha consistido principalmente en ir separando carbono de la primitiva atmósfera, vemos ahora cómo dicha actividad, considerada como benefactora, puede comportar, de vez en cuando, episodios de reversión que no pueden contemplarse con la misma satisfacción. Esta sería la otra sombra, si se quiere la sombra oscura o siniestra de Gaia, que como todos los conceptos míticos, como el Yin y el Yang, combina la luz y la claridad. Al fin y al cabo es una reproducción, a escala muy ampliada, de la alternancia de noche y día que gobierna todos los ecosistemas. Si vemos a Gaia como benigna por impulsar el cambio gradual, hay que pensar que es también responsable de una gran parte o de quizá todos los cambios que nos gusta calificar de catastróficos, quizá solo porque desafían nuestras pretensiones de predecir el futuro.

Referencias

Alcalá-Herrera, J., E. L. Grossman, y S. Gartner, 1992, «Nannofossil diversity and equitability and fine-fraction ^{18}C across the Cretaceous/Tertiary boundary at Walvis Ridge leg 74, South Atlantic», *Marine Micropaleont.*, 20, págs. 77-88.

Alvarez, L.W., W. Alvarez, F. Asaro y H.V. Michel, 1980, «Extraterrestrial cause for the Cretaceous-Tertiary extinction», *Science*, 208, págs. 1095-1108.

Alvarez, W., 1986, «Towards a theory of impact crises», *Eos*, págs. 649-658.

Alvarez, W., L. W. Alvarez, F. Asaro, y H. V. Michel, 1982. «Current status of the impact theory for the terminal Cretaceous extinction», en Silver & Schultz, eds., *Geological Implications of Impacts of Large Asteroids and Comets on the Earth*, Geol. Soc. America, Special Paper 190, págs. 305-315.

Alvarez, W. y F. Asaro, 1992, «The extinction of the dinosaurs», en Bourriau, J., ed., *Understanding Catastrophe*, Cambridge University Press, Cambridge, págs. 28-56.

Arthur, M.A. y S.O. Schlanger, 1979, «Cretaceous oceanic anoxic events as causal factors in development of reef-reservoired giant oil fields», *Amer. Assoc. Petr. Geol. Bull.*, 63, págs. 870-885.

Bak, P., Ch. Tang y K. Wiesenfeld, 1988, «Self-organized critica-lity», *Physical Review A.*, 38, págs. 364-374.

Betzger, P.P., y colabs., 1984, «The oceanic carbonate system: A reassessment of biogenic control», *Science*, 226, págs. 1074-1077.

Chapman, C.R., y D. Morrison, 1994, «Impacts on the Earth by as-teroids and comets: assessing the hazard», *Nature*, 40, págs. 33-40.

Chen, G-T., y F.J. Millero, 1979, «Gradual increase of oceanic CO_2», *Nature*, 277, págs. 205-206.

Erwin, D.H., 1993, *The Great Paleozoic Crisis: Life awnd Death in the Permian*, Columbia University Press, New York.

François, L.M., y J.C.G. Walker, 1992, «Modelling the Phanerozoic carbon cycle and climate: Constraints from the $^{87}Sr/^{86}Sr$ isotopic ratio of seawater» *Am. J. Sc.*, 292, págs. 81-135.

Freeth, S., 1992, «The deadly cloud hanging over Cameroon», *New Scientists*, 15 Aug. 1992, págs. 23-27.

Gartner, S., y J. Keany, 1978, «The terminal Cretaceous event: a geologic problem with an oceanographic solution», *Geology*, 6, págs. 708-712.

Gaudry, A., P. Monfray, G. Polian y G. Lambert, 1987, «The 1982-83 El Niño, a 6 billion tons CO_2 release», *Tellus*, 39 B, págs. 209-213.

Gilmour, I., y E. Anders, 1989, «Cretaceous-Tertiary boundary events: Evidence for a short time scale», *Geochimica et Cosmo-chimica Acta*, 53, págs. 503-511.

Goldstein, J.S., 1988, *Long Cycles. Prosperity and War in the Mo-dern Age*, Yale University Press, New Haven y Londres.

Habib, D., S. Moshkovitz y C. Kramer, 1992, «Dinoflagellate and calcareous nannofossil response to sea-level changein Cretaceous Tertiary boundary sections», *Geology*, 20, págs. 165-168.

Hallam, A., 1987, «End-Cretaceous mass extinction event: argument for terrestrial causation», *Science*, 238, págs. 1237-1242.

Hallam, A., 1989, «Catastrophism in Geology», *Catastrophes and Evolution*, Cambridge University Press, Cambridge.

Heinze, C., E. Maier-Reimer y K. Winn, 1991, «Glacial pCO_2 reduc-tion by the world ocean: Experimets with the Hamburg Cycle Model», *Paleooceonography*, 6, págs. 395-430.

Holser, W.T., 1977, «Catastrophic chemical events in the history of the ocean», *Nature*, 267, págs. 403-408.

Hsü, K.J., 1992, «Is Gaia endothermic?», *Geol. Mag.*, 129, págs. 129-141.

Hsü, K.J., y J.A. McKenzie, 1985, «A "Strangelove" Ocean in the earliest Tertiary», en Sundquist, E.T. y W.S. Broecker, eds., *The Carbon Cycle and Atmospheric CO_2: Natural variations, Archean to Present,* Geophysical Monogr. 32, págs. 487-492.

Hsü, K.J., J.A. McKenzie y Q.X. He, 1981, «Terminal Cretaceous environmental and evolutionary changes», *Geol. Soc. America,* Special Paper 190, págs. 317-328.

Johnson, K.R., D.J. Nicholls, M. Attrep Jr. y Ch.J. Orth, 1989, «High resolution leaf-fossil record spanning the Cretaceous/Tertiary boundary», *Nature,* 340, págs. 708-711.

Kajiwara, Y., y K. Kaiho, 1992, «Oceanic anoxia at Cretaceous/Tertiary boundary supported by the sulfur isotopic record», *Paleogeogr., Paleoclimat. and Paleoecology,* 99, págs. 151-162.

Kitchell, J.A., y D. Peña, 1984, «Periodicity of extinctions in the Geologic past: Deterministic versus stochastic explanations», *Science,* 233, pág. 692.

Kling, G.W., y colabs. 1987, «The 1986 Lake Nyos gas disaster in Cameroon, West Africa», *Science,* 236, págs. 169-175.

Maier-Reimer, E., y K. Hasselmann, 1987, «Transport and storage of CO_2 in the ocean - an inorganic ocean circulation/carbon cycle model», *Clim. Dynam.,* 2, págs. 63-90.

Margalef, R., 1975, «External factors and ecosystem stability», *Schweiz. Z. Hydrol.,* 37, págs. 102-117.

Margalef, R., 1986, «Sucesión y evolución: Su proyección biogeográfica», *Paleontologia i Evolució,* 20, págs. 7-26.

Margalef, R., 1991, *Teoría de los sistemas ecológicos,* Publicacions de la Universitat de Barcelona, Barcelona.

Margalef, R., *en prensa,* «The skin of the oceans and inorganic carbon exchange», *Oceans, Climate and Man,* Proceed. Intern. Conf., Torino, 1991.

Margolis, S.V., J.F. Mount, E. Doehne, W. Showers y P. Ward, 1987, «The Cretaceous/Tertiary boundary carbon and oxygen isotope stratigraphy, diagenesis and paleooceanography at Zumaya, Spain», *Paleooceanography,* 2, págs. 361-378.

McLaren, D.J., 1983, «Bolides and biostratigraphy», *Bull. Geol. Soc. America,* 94, págs. 313-324.

McLean, D.M., 1978, «A terminal Mesozoic "greeenhouse": lessons from the past», *Science,* 201, págs. 401-406.

Nojiri, Y. y colabs., 1990, «Gas discharge at Lake Nyos», *Nature,* 346, págs. 322-323.

Officer, C.B., A. Hallam, C.L. Drake y J.D. Devine, 1987, «Late

Cretaceous and paroxysmal Cretaceous/Tertiary extinctions», *Nature,* 326, págs. 143-149.

Penrose, R., 1989, *The emperor's new mind,* Oxford University Press, Oxford.

Plotnik, R.E., y M. McKinney, 1993, «Ecosystem organization and extinction dynamics», *Palaios,* 8, págs. 202-212.

Poston T. y I. Stewart, 1978, *Catastrophe Theory and its Applications,* Pitman, Londres.

Rampino, N., 1982, «A non-catastrophist explanation for the iridium anomaly at the Cretaceous/Tertiary boundary» *Geol. Soc. America,* Special Paper 190, págs. 455-460.

Rampino, M.R. y K. Caldeira, 1993, «Major episodes of geologic change: correlations, time structure and possible causes», *Earth and Planetary Sc. Lett.,* 114, págs. 215-227.

Raup, D.M., y K.J. Sepkoski Jr., 1984, «Periodicity of extinctions in the geologic past», *Proc. Natl. Acad. Sci. USA,* 81, págs. 801-805. Riding, R., 1993, «Phanerozoic patterns of marine $CaCO_3$ precipitation», *Naturwissenschaften,* 80, págs. 513-516.

Ryan, W.B., y M.B. Citta, 1977, «Ignorance concerning episodes of oceanwide stagnation», *Mar. Geol.,* 23, págs. 197-215.

Svarda, C.E., 1993, «Ichnosedimentologic evidence for a noncatastropohic origin of Cretaceous-Tertiary boundary sands in Alabama», *Geology,* 21, págs. 1075-1078.

Schalenger, S.D., y H.C. Jenkins. 1976, «Cretaceous oceanic anoxic sediments: causes and consequences», *Geologie en Mijnbouw,* 55, págs. 179-184.

Sharpton, V.L., y colabs., 1992, «More links between the Chicxulub impact structure and the Cretaceous/Tertiary boundary», *Nature,* 359, págs. 819-821.

Sioegenthaler, U., y J.L. Sarmiento, 1993, «Atmospheric carbon dioxide and the ocean», *Nature,* 365, págs. 119-125.

Silver, L.T., y P.H. Schultz, eds., 1982, *Geological implications of impacts of large Asteroids and Comets on the Earth,* Geol. Soc. America, Special Paper 190.

Smit, J., 1979, «The Cretaceous/Tertiary transition in the Barranca del Gredero, Caravaca, Spain», *Cretaceous/Tertiary boundary events symposium,* University Copenhagen, Copenhagen, vol. 2, págs. 156-163.

Stott, L., 1992, «Higher temperatures and lower oceanic pCO_2: A climate enigma at the end of the Paleocene Epoch», *Paleooceanography,* 7, págs. 395-404.

Thom, R., 1972, *Stabilité structurelle et morphogénèse,* Benjamin, Nueva York.

Upchurch, G.R., Jr., 1989, «Terrestrial environmental changes and extinction patterns at the Cretaceous-Tertiary boundary, North America», en S.K. Donovan, ed., *Mass extinctions. Processes and evidence,* Belhaven Press, Londres, págs. 195-216.

Valentine, J.W., 1978, «Climatic regulation of species diversification and extinction», *Bull. Geol. Soc. America,* 71, págs. 273-276.

Watts, R.G. y M.C. Morantine, 1991, «Is the Greenhouse Gas-Climate Signal hiding in the Deep Ocean?», *Clim. Change,* 18, págs. iii-vi, y 25, págs. 85-90.

Weissert, H., 1989, «C-isotope stratigraphy, a monitor of paleoenvironmental change: A case study from the early Cretaceous», *Surv. Geophys.,* 10, págs. 1-61.

Wilde, P., y W.B.N. Berry, 1984, «Destabilization of the oceanic density structure and its significance to marine "extinction" events», *Paleogeogr., Paleoclimat. and Paleoecology,* 48, págs. 143-162.

Wolfe, J.A., 1990, «Paleobotanical evidence for a marked temperature increase following the Cretaceous/Tertiary boundary», *Nature,* 343, págs. 153-156.

Wolfe, J.A., 1990, «Paleobotanical evidence for a marked temperature increase following the Cretaceous/Tertiary boundary», *Nature,* 343, págs. 153-156.

Wong, C.S., Y-H. Chan, J.S. Page, G.E. Smith y R.D. Bellegay, 1993, «Changes in equatorial CO_2 flux and new production estimated from CO_2 and nutrient level in Pacific surface waters during the 1986/87 El Niño», *Tellus,* (B) 45B, págs. 64-79.

Zeeman, E.C., 1972, «A Catastrophe Machine», en C.H. Waddington, ed., *Towards a Theoretical Biology,* Edinburgh Univ. Press, vol. 4, págs. 276-282.

Coloquio

Ricard Guerrero: En este planteamiento del lado oscuro de Gaia, podemos decir que, una vez establecida ésta, el fenómeno es automantenible independientemente de las catástrofes, a no ser que éstas fueran globales. Le pregunto si cree que la vida es un fenómeno automantenible y si durará en la Tierra mientras exista agua líquida. Parece indestructible, a no ser que haya una hecatombe global o la llegada de la fotosfera a la órbita de la Tierra, cosa que se producirá dentro de un cierto tiempo.

Ramón Margalef: Esto es pedir que uno haga de profeta, ¿no? En general esto es verdad y va contra las exageraciones que nos pintan a Gaia como una abuela benévola que cuida mucho de sus hijos, pero sí que estoy de acuerdo en el sentido de que la vida es un fenómeno imposible de parar.

Salvador Reguant: Sobre la cuestión de los ciclos, pienso que por un lado es posiblemente cierto que cuanto más catastrófico es un episodio, se repite con menos frecuencia. También están las argumentaciones de que se pueden acumular las tensiones. Por ejemplo en un terremoto: si las tensiones se acumulan y por casualidad no se dan pequeños terremotos, entonces habrá un gran terremoto. Este es el proceso inverso al que siguen en California, creo, donde intentan evitar los grandes terremotos a base de producir pequeños terremotos. Se producen pequeños cataclismos para que así se vayan descargando las tensiones. Creo que en este sentido es cierto, pero también es cierto que en el problema de los ciclos, y no sé qué piensa el doctor Margalef, hay también un problema de fondo filosófico o de *background* mental. Plantear los ciclos es siempre interesante porque supone el eterno retorno, siempre volvemos a lo mismo y, por tanto, no pasa nada. Yo pienso que es una tendencia humana inevitable y que uno la aprende porque la aprende en su casa. Los niños empiezan siendo pequeños, después son mayores, después hay otros niños, etcétera. O sea, hay una repetición de la vida. Pero tampoco se puede negar la existencia de otros hechos, digamos, históricos en el sentido de que sean absolutamente irrepetibles, y aún los mismos ciclos son, en ciertos aspectos, completamente irrepetibles. Personalmente creo que es bastante difícil comparar las extinciones entre sí, salvo en algunos aspectos. En la extinción del Pérmico-Triásico se ha mostrado un gráfico que es muy distinto al del Cretácico-Terciario. En principio, creo que lo de los 28 millones de años de Sepkoski es más bien un artefacto.

Ramón Margalef: La idea de los ciclos, realmente, es una de esas cosas que son decepcionantes. Respecto al ejemplo de los terremotos, voy a hacer notar que el cambio de carbónico puede ser anual si hay una mezcla, y si no la hay, se acumula y pasan estas cosas. Hay situaciones intermedias. Ahora está muy de actualidad el fenómeno de El Niño, lo que llaman «oscilación sur del niño».* Parece que cada uno de estos episodios, de manera acumulada, vierte a la atmósfera una cantidad de carbónico considerable. Es decir, son válvulas con una cierta indeterminación. También hay una razón muy sencilla para dudar de la existencia de ciclos muy regulares, porque la misma estructura de la Tierra va cambiando históricamente y, aunque las causas determinantes fueran comparables, las consecuencias no lo serían, es decir, probablemente la corteza terrestre primero se ha plegado con más facilidad y después se ha fallado con más facilidad. La misma vida, y en este aspecto sí que la vida de Gaia tiene cierto sentido, crea

---

* Severas lluvias costeras recurrentes (entre 1950 y 1983 se ha registrado siete veces) que conllevan dramáticas alteraciones en el medio biótico y producen el «año del niño», que se diferencia de los años normales, o de la niña. Este fenómeno climático es debido a la interacción entre (a) el sistema de altas presiones con aire seco de verano del sureste del Pacífico y (b) el sistema de bajas presiones y fuertes precipitaciones en la región indo-australiana. *(N. del T.)*

gradientes de oxidación y reducción en la superficie, lo cual ha facilitado extraordinariamente la erosión o la ha dirigido por unas vías determinadas y, evidentemente, dos acontecimientos no se pueden repetir igualmente. Incluso hay un libro de Johnson sobre estas cosas, y aunque da muchas vueltas a los ciclos económicos, bélicos, etcétera, al final resulta que las características históricas de la humanidad han cambiado, los recursos son distintos, etcétera. Una verdadera visión histórica de la vida creo que es inevitable, pero ha de ser muy crítica sobre el valor de los ciclos. Los ciclos astronómicos también varían. La idea del reloj de Laplace, que se ha citado tantas veces, actualmente es insostenible. Todo episodio histórico es completamente distinto de los otros.

Antonio Fontdevila: Quisiera hacer una pequeña reflexión sobre el tema del cambio y de los propios mecanismos autorreguladores del mantenimiento de la vida. Desde un punto de vista genético, la mutación, en realidad, es o puede ser una pequeña o gran catástrofe hasta cierto punto. Entonces, la evolución es posible porque existen esas pequeñas catástrofes, porque si no, no habría evolución: la genética lo único que hace es mantener ciclos y una cierta estabilidad. En realidad, la mutación es una violación de la genética. La genética es la ciencia de la fidelidad: los hijos se parecen a los padres, etcétera. Pero tiene que ser un poco infiel para que haya cambio y evolución y no sé si progreso, pero en todo caso cambio. De todas maneras, la selección natural (o cualquier método de perpetuación de la vida) ha hecho que los organismos no puedan tener demasiadas mutaciones y ha regulado incluso la mutación, quizá porque los sistemas biológicos genéticos que tenían demasiadas mutaciones han sido eliminados. Debe existir una relación entre el cambio, la catástrofe y el sistema que persiste y mantiene una cierta inestabilidad. Entonces, pasando a niveles más ecológicos o más globales, hay que pensar en qué sistemas o qué comunidades han sido las que han sobrevivido a lo largo de la historia de la vida en este planeta. A lo mejor, los que han sobrevivido son los que han sido capaces de llegar hasta donde hemos llegado, aquellos que precisamente han conseguido superar todas estas pequeñas o grandes catástrofes que se han ido produciendo. Es decir, los cambios ambientales son necesarios para que haya evolución en este planeta, lo que pasa es que los sistemas que han persistido han sido aquellos que han sido capaces de soportarlas y han sido seleccionados para esto.

Ramón Margalef: En realidad yo creo que la evidencia es un poco contradictoria. Es muy generosa en el sentido de que podemos combinarla de la forma que nos parezca porque, de una parte, generalmente un avance evolutivo serio conseguido hasta el momento en que ha incidido lo que llamamos una catástrofe, no se ha perdido. Ha reaparecido y acelerado la evolución en la etapa siguiente. Esto parece bastante general. Por otra parte, los organismos que más han sufrido han sido siempre los más especializados y con poblaciones que, en teoría, tenían una tasa de renovación más lenta. La prueba está en que pueden incluso rebajar la tasa de multiplicación y sobrevivir. Esto lo veo un poco contradictorio.

Jordi Agustí: Creo que lo que se está diciendo es muy coherente con el modelo de Jablonski y de Erwin, es decir, durante ciertas etapas de la biosfera encontramos fenómenos de estabilidad, estagnación, autoorganización, gradiente, etcétera, es decir, sistemas cerrados. Cuanto más dura esto, de alguna manera aumenta la probabilidad de se rompa. Por el contrario, en los sistemas donde predomina la conectividad, la interacción, la mezcla, disminuye la probabilidad de extinción. Se podría aplicar tanto al sistema global como a los ecosistemas o a los sistemas biológicos. La etapa de estabilidad o estagnación es previsible, mientras que la catastrófica es impredictible. Las fases catastróficas son impredictibles, de acuerdo con las conclusiones de Jablonski: cada una, de alguna manera, es diferente y las causas también son muy diferentes (un meteorito, entre otras). En cambio, lo que parece predictible es el proceso de regeneración, el proceso posterior de autoorganización.

Jordi Bascompte: Yo quisiera, muy brevemente, presentar el modelo paradigmático de sistema crítico autoorganizado que es una pila de arena a la cual se le van añadiendo los granitos uno por uno. Este sistema evoluciona hacia un atractor, es decir, una pila con una determinada pendiente. Es una situación estable pero de mínima estabilidad, porque cualquier nuevo grano de arena que se introduce puede producir avalanchas a todas las escalas posibles. Es decir, en determinados momentos un grano de arena puede provocar una avalancha muy pequeña pero en otros puede provocar una gran avalancha. La idea es que, comparado con lo de los terremotos, de alguna manera no necesitamos una ley para explicar los grandes terremotos y otra para explicar los pequeños terremotos, sino que una sola da cuenta de ambos fenómenos. En cuanto a los sistemas biológicos, hay un trabajo bastante interesante que establece la analogía entre esta pila de arena y los sistemas biológicos, en concreto especula que también los sistemas biológicos (los ecosistemas) podrían mantenerse en este estado crítico autoorganizado en el cual pudiera haber fluctuaciones temporales a todas las escalas posibles. En concreto, la analogía sería la introducción de un grano de arena, la pequeña catástrofe mencionada por el doctor Fontdevila, por ejemplo la aparición de una nueva especie, la aparición de una nueva mutación en el sistema que, de nuevo y en la mayoría de los casos, provocaría unas consecuencias mínimas, pero en determinados instantes podría tener consecuencias considerables. Es más, no sólo esto, sino que el número de veces que tiene consecuencias importantes o consecuencias muy pequeñas está gobernado por una determinada ley potencial. La idea es, pues, que de nuevo el mismo mecanismo podría dar cuenta tanto de los cambios pequeños que sufre el sistema ecológico como de los cambios tremendos representados por estas grandes extinciones en masa. Y de nuevo aquí, intrínseco en el sistema, existe también el mecanismo de amplificación.

Jordi Agustí: Quería agradecer la idea que se ha dado del atractor porque, efectivamente, en episodios catastróficos, la paleontología ha estado muy obsesionada en conocer el nombre del asesino: si es un meteorito, si tenia 10 km o 300 m..., y tal vez lo importante sea saber el estado del receptor más que la causa. La causa, a lo mejor, está actuando continuamente, pero es en un momento dado en que coincide con un determinado estado del receptor cuando se produce un efecto catastrófico. Utilizando un símil policíaco diríamos que no es tan importante saber si el asesino está pegando un empujón muy fuerte para tirar a la víctima al precipicio, sino dónde está situada la víctima, si a 10 cm del borde, muy tierra adentro (con lo cual no pasa nada) o cogida al borde del precipicio con los dedos y, simplemente, le pega un pisotón. Por tanto, me parece que es una idea realmente útil y enlaza muy bien con una línea futura de investigaciones, que además de investigar la posibles causas investigue el estado de la biosfera en esos momentos. Es decir, cuál es la situación planetaria en cuanto a la distribución de masas continentales, circulación oceánica, etcétera, y si en un momento dado un agente causal normal puede encender la mecha de una situación explosiva.

David G. Jenkins: Me gusta la idea del incremento de CO_2 en la atmósfera. Se nos ha enseñado que, si aumentamos el CO_2 de la atmósfera, una de las consecuencias sería un incremento de la temperatura. Si incrementamos la temperatura del planeta, no tenemos ninguna evidencia de que la temperatura oceánica en las regiones tropicales se incremente por encima de los 30°C, pero en las latitudes medias se incrementará a temperaturas más altas y también en las regiones polares. Por lo tanto, una de las consecuencias que podemos postular es que habrá un incremento en la diversidad de las especies planctónicas en los océanos si se incrementa la temperatura oceánica de las aguas superficiales. También se ha postulado que, si reducimos el CO_2, esto puede llevar a un enfriamiento del planeta. Una de las hipótesis es que habrá edades de hielo. Según Kowalski, la extinción de mamíferos se incrementó en el Pleistoceno, pero si nos fijamos en el plancton, aunque Stanley (el famoso paleontólogo americano) ha postulado que hay un incremento en la tasa de extinción, en el ejemplo de los foraminíferos planctónicos del Pleistoceno, si los examinamos con detalle, esto no va relacionado con las disminuciones de la temperatura oceánica. Por ejemplo, en el Atlántico Norte la primera glaciación se da hace 2,4 millones de años. Si nos fijamos en el registro fósil, no hay extinciones en esa franja de tiempo. Mi conclusión es que el aumento o disminución de la temperatura del planeta no produce una extinción en masa.

Ramón Margalef: Estoy de acuerdo, pero el problema de los océanos, más que el incremento o disminución de la temperatura, es la posibilidad de una mezcla vertical. Esto es muy contundente en el caso del plancton y también tiene que ver con la diversidad planctónica. Recientemente he reunido datos del plancton del Caribe, del Mediterráneo y del Atlántico. Los datos del Mediterráneo y del Caribe siempre indican diversidades muy altas. En las áreas de afloramiento la diversidad es baja y hay más diatomeas. De hecho, el incremento rápido de diatomeas en los océanos al principio del Terciario muestra como en este momento probablemente se estaban produciendo grandes movimientos de mezcla vertical.

Erle G. Kauffman: Si hablamos de temperatura y CO_2 con respecto a la extinción, tenemos que entender la extinción desde un punto de vista muy amplio. Conocemos la curva de CO_2 de la Tierra a lo largo de los tiempos geológicos y también sabemos, más o menos, cómo es la curva de temperaturas, pero resulta que no hay una correlación estadística entre las extinciones en masa por un lado y la temperatura —en un sentido amplio— y los niveles de CO_2 por el otro. De todos modos, sí se da esta correlación en el caso de los cambios rápidos de temperatura —sin importar cuál sea el estado de la Tierra— y los cambios rápidos de la composición química. Por lo tanto, lo que importa es la tasa de cambio, la magnitud del cambio, sin importar el que estemos en un intervalo de efecto invernadero o si estamos en un periodo templado o frío. Por lo tanto, hay que fijarse en la magnitud de la causalidad y no en la causalidad general, sin importar el estado de la Tierra.

Ramón Margalef: Sí, yo diría lo mismo, aunque probablemente los cambios de temperatura registrados en las aguas superficiales o profundas pueden ser distintos o pueden ir asociados con un fuerte movimiento de mezcla vertical. Yo diría que los procesos de mezcla vertical han sido muy importantes en la vida de los océanos y probablemente en la determinación de las faunas.

Modelo de extinción de mamíferos durante el Cuaternario

Kazimierz Kowalski

Introducción

El folclore de muchas regiones de Europa y Asia contiene leyendas que nos hablan de dragones gigantes que hace mucho tiempo habitaron la Tierra, antes de que los héroes les vencieran y mataran. Tales leyendas se originaron en lugares donde se han descubierto huesos de animales más grandes de los de hoy en día. En general, estos huesos eran los restos de los mamíferos extinguidos del Cuaternario, de mamuts en particular. En los tiempos medievales se ofrecían como curiosidad preciosa a los gobernantes o se colgaban en las entradas de las iglesias. En mi ciudad, Cracovia, en Polonia, estos «huesos de dragones» aún se pueden ver cerca de la entrada de la catedral. Se daba por supuesto que la Tierra estuvo, en un tiempo, habitada por animales distintos de los que existen actualmente y que desaparecieron antes de nuestros días (Kahlke, 1981).

Al principio del desarrollo de la ciencia moderna, en el siglo XVIII, los puntos de vista de los estudiosos se distanciaron de las ideas de los tiempos precientíficos. En general, se tenía la creencia de que todas las especies vivientes de plantas o animales se generaron en un solo acto de creación: postular que algunas habían desaparecido era dudar de la perfección de Dios.

La primera mitad del siglo XIX fue testimonio del principio de un debate sobre la extinción de las especies, particularmente de los vertebrados del último periodo geológico (Grayson, 1984).

De acuerdo con Buckland, la extinción de estos animales fue consecuencia del diluvio. Agassiz, descubridor de vestigios de la edad del hielo en los Alpes, se inclinaba a pensar en la glaciación como el factor responsable de la muerte de los viejos gigantes. Las opiniones sobre la extinción eran, a propósito, independientes de los puntos de vista de algunos estudiosos de la evolución. El evolucionista Lamarck pensó que las especies se podían adaptar a condiciones ambientales cambiantes. Esto excluía la extinción: si ocurrió, el hombre fue el causante. Por otro lado, para Cuvier, quien no aceptaba la evolución, la extinción era el resultado de catástrofes geológicas locales.

Cuando Boucher de Perthes demostró en Francia la coexistencia del hombre con animales extinguidos en la era glacial, la creencia de que la actividad humana era la responsable de la extinción se difundió más y más.

Con la publicación del trabajo de Darwin sobre la evolución empezó un nuevo estadio de la controversia sobre la extinción de las especies. En su opinión, para explicar la extinción no eran necesarios ni las grandes catástrofes ni la caza por parte del hombre.

En el paradigma neodarwinista, predominante en la ciencia actual, la extinción es una parte indispensable de la evolución. Varios fenómenos contribuyen a la alteración de las especies. Las extinciones llamadas filéticas o taxonómicas se dan cuando una especie evoluciona hacia otra. No hay desaparición de ningún linaje evolutivo; no obstante, cuando comparamos la fauna de dos periodos sucesivos, registramos la extinción de una especie y la formación de otra. Una auténtica extinción podría tener lugar en el caso de un cambio radical con un reemplazamiento activo cuando una especie se extingue, al no poder competir con una especie hermana o con una especie aparte mejor adaptada a un nuevo nicho ecológico. Finalmente, hay casos de reemplazamiento pasivo donde factores al azar o factores del ambiente abiótico eliminan una especie dejando libre un zona adaptativa. Generalmente, tarde o temprano, ésta es ocupada por representantes de otro linaje evolutivo. La coextinción se produce cuando la desaparición de una especie da lugar a la extinción de otra (por ejemplo, un parásito que depende de su huésped).

Los científicos discuten cuál de los dos tipos de extinción es más habitual, pero sin duda ambas contribuyen a la llamada extinción de fondo, sin la cual no sería posible ningún cambio radical en los taxones o ningún progreso evolutivo. Los mecanismos que hay detrás de la extinción de determinadas especies y la causa de las extinciones en masa son, de todos modos, controvertidas, como es el caso de la extinción de los grandes mamíferos al final del Pleistoceno.

Algunos científicos estaban convencidos de que las causas de la extinción podían no encontrarse en el ambiente, sino en fenómenos internos de la biota. Pensaban que una especie, al igual que un organismo, nace, pasa un periodo de desarrollo y después de senilidad que, irremediablemente, desemboca en su muerte. Argumentaban que antes de la extinción el número de características patológicas en las poblaciones era particularmente alto, como por ejemplo en el oso de las cavernas. Sus observaciones resultaron ser incorrectas, y sus puntos de vista (que aún sobreviven en publicaciones populares) no tienen justificación biológica (Kurten, 1958). Cada especie existente tiene una cadena ininterrumpida de antepasados que se remontan a la primera biota. La división de esta cadena en taxones más o menos sucesivos es un problema de convención: la diferenciación entre especies «viejas» y «jóvenes» no tiene ningún significado biológico.

Otros paleontólogos postularon que la evolución puede llevar a desarrollar características letales, que desaparecen con la extinción. Argumentaron, por ejemplo, que los cuernos del extinguido ciervo irlandés del Cuaternario, *Megaloceros giganteus*, se hicieron tan grandes que el animal no se podía mover entre los bosques. Es posible, por supuesto, que algunas características beneficiosas en un ambiente puedan ser perjudiciales cuando este ambiente cambia o desaparece por completo y que esto pueda llevar a la extinción. La evolución reacciona a las condiciones existentes y no se puede anticipar a una dirección futura del cambio. De todos modos, siempre hay una relación causal entre el ambiente y la extinción (Gould, 1974).

El problema de la existencia de una extinción de fondo con interrupciones de episodios de extinción en masa seguidos

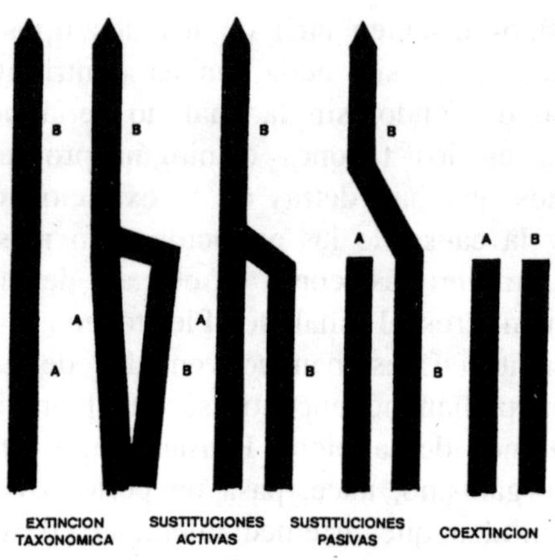

Figura 1. Tipos de extinción

de largos periodos de calma relativa y nueva diferenciación de animales y plantas, ha sido objeto de controversias paleontológicas en los últimos años. Se supone que tales episodios conciernen a toda la biota, pero, por razones obvias, son los invertebrados marinos los más estudiados, puesto que se preservan mejor en el registro fósil. La distancia entre dichos episodios se mide en millones de años. Según los especialistas, se debieron a catástrofes provocadas por causas extraterrestres, tales como el impacto de un gran meteorito (Hoffman, 1989; Jablonski, 1991).

La extinción en masa de animales en el Cuaternario tiene poco que ver con los episodios de extinción en masa de los periodos recientes de la historia de la Tierra, puesto que sólo afectó los animales terrestres. De todos modos, sólo ha habido un único periodo de extinción en masa que haya tenido lugar durante la existencia del hombre (y que, según algunos científicos, aún continúa). Siendo tan cercana a nuestros días, esta extinción puede ser descrita y calibrada con una precisión inaccesible para periodos anteriores. Sus causas son objeto de debate, pero, de todos modos, su conocimiento puede contribuir a la comprensión de los episodios de extinción en masa anteriores. Además, la extinción del Cuaternario tiene no sólo

196

una importancia teórica, sino también práctica: conformó el mundo en el cual vivimos, un mundo empobrecido en mamuts y docenas de otros grandes animales. Si esta extinción continúa, nuestro ambiente futuro estará condicionado por la biodiversidad todavía existente, cuya evolución futura es difícil de predecir (Ehrlich, Wilson, 1991).

Antecedentes

El último periodo de la historia de la Tierra empezó hace dos millones de años y se le llama Cuaternario. Una de las características más importantes de este periodo es una sucesión de varios episodios muy fríos, que causaron extensas glaciaciones en el hemisferio norte. El hielo cubrió todo el norte de Europa y en las regiones boreales de Norteamérica se formó un enorme casquete. Los glaciares se formaron en las montañas altas de todos los continentes. Fuera de las regiones heladas, generalmente la temperatura también era más baja que hoy en día. Los periodos fríos o glaciales estaban separados por fases suaves, las interglaciales, durante las cuales la temperatura a veces era más alta que hoy en día, por lo menos en Europa. Los cambios en el planeta y el clima también causaron considerables cambios en la humedad de determinados continentes: los límites de los desiertos se movieron y la zona con el clima apropiado para el desarrollo de la selva ecuatorial se redujo y se fragmentó. Estos cambios en humedad, menos conocidos que los de temperatura, podrían haber tenido una gran influencia sobre la biota terrestre. Es evidente que el Cuaternario fue un tiempo de gran cambio en la composición y patrones de distribución de todos los ecosistemas terrestres.

En la división tradicional del Cuaternario, el Pleistoceno abarca la mayor parte de éste y el Holoceno está limitado a los últimos 10 000 años de la historia de la Tierra, desde la desaparición de las principales glaciaciones fuera de las regiones polares. Según algunos especialistas, el Holoceno no es sino el último periodo interglacial, después del cual cabe esperar otro periodo glacial. Otros creen que el Holoceno es distinto de todos los interglaciales precedentes: el estudio de la fauna fósil favorece la última opinión.

Se pueden utilizar varios métodos físicos para calibrar el fenómeno del Cuaternario. La última docena de miles de años se puede datar usando la fisión de carbono radioactivo C^{14}; puede determinarse así la edad de los restos orgánicos que tengan más de 1000 años de antigüedad. Otros métodos, como por ejemplo los basados en la proporción de isótopos de oxígeno, hacen posible reconstruir las paleotemperaturas.

La presencia del hombre es otra característica importante además de los cambios climáticos. La humanidad, en su camino de expansión sucesiva desde su cuna africana hacia los demás continentes, ha ido evolucionando tanto física como culturalmente.

Los cambios ambientales del Cuaternario tuvieron una gran influencia en el mundo animal de aquellos tiempos. Esto era particularmente evidente en el ecosistema que abarcaba toda Europa, el norte de Asia y Alaska, entonces conectada con Eurasia por un puente de tierra firme en el lugar donde hoy se encuentra el estrecho de Bering. Durante el Pleistoceno dominaba el clima árido y frío en el promontorio del casquete polar europeo y en las enormes extensiones no glaciales del norte de Asia. La abundante vegetación compuesta de hierbas y pastos proporcionaba comida a numerosos rebaños de grandes ungulados de esta peculiar biocenosis conocida como la estepa-tundra o estepa del mamut. Los animales más característicos de todos ellos fueron los mamuts (*Mammutus primigenius*) y los rinocerontes lanudos (*Coelodonta antiquitatis*). Junto con ellos vivían ungulados que sobrevivieron hasta hoy en día en las estepas, como los caballos, bisontes, antílopes saiga, así como los que hoy en día están conectados con la tundra ártica: el buey almizclado y el reno. Una mezcla similar de elementos de la tundra y la estepa también estaba presente entre los animales pequeños de la tundra-estepa; entre los roedores, por ejemplo, los susliks y los jirds coexistieron con los lemmings. El bioma de la estepa-tundra no tiene ningún análogo actual. Actualmente, en ningún lugar coexisten estas dos faunas. Resulta muy sorprendente la presencia en un ambiente frío de grandes carnívoros, como el león, la pantera y la hiena, que solemos imaginar en condiciones subtropicales, pero durante la era glacial vivieron en el límite del océano Artico. Hay que tener en cuenta que los mamíferos, como animales homeotérmicos que son, no dependen directamente de la temperatura ambiente, y si tienen comida abundante pueden tolerar temperaturas muy bajas (Guthrie, 1990).

Esta peculiar fauna de la estepa del mamut sobrevivió a todas las glaciaciones y fases interglaciares del Pleistoceno. Los límites de este ecosistema fluctuaron bajo la influencia de cambios climáticos, pero su área principal no sufrió ninguna transformación drástica.

La situación cambió en el Holoceno. Se conocen huesos de mamut de 13 000 años de antigüedad en Dinamarca y Suecia (Stuart, 1991). De todos modos, muy pronto subió la temperatura y se desarrolló una franja continua de bosques de coníferas (taiga) entre el este de Asia y Europa. Al norte, la tundra ártica húmeda, cubierta en invierno por una gruesa capa de nieve, sólo era apropiada para unos pocos animales del Pleistoceno, tales como el reno y los lemmings entre los mamíferos. En el sur, las estepas con veranos calientes y secos alimentaron animales tales como los caballos, antílopes y varios roedores. Los grandes carnívoros se recluyeron en las regiones donde el ambiente de sabana permaneció sin cambios desde el Pleistoceno. Los representantes más grandes de la megafauna de la edad del hielo, el mamut y el rinoceronte lanudo, desaparecieron.

En los continentes más alejados de los polos, los cambios del clima fueron menos evidentes. Las glaciaciones estaban restringidas sólo a las montañas más altas. Los cambios de humedad fueron, especialmente en Africa y Australia, de más importancia que los de temperatura, pero aún no se conocen en detalle. Era tanta el agua concentrada en los glaciares que el nivel global de los océanos bajó unos 100 metros. Grandes extensiones de plataforma continental quedaron expuestas y muchas islas (por ejemplo, Nueva Guinea o las islas del archipiélago malayo) quedaron conectadas con las grandes masas de tierra firme cercanas. Esto también contribuyó a la expansión del clima continental.

La extinción en determinadas regiones

Como ya se ha mencionado anteriormente, la extinción de los animales cuaternarios se conoce desde hace tiempo, y con el progreso de la ciencia se documentó la desaparición de más y más especies durante la era glacial. Esta extinción fue drastica entre los grandes animales, pero también afectó a grandes aves y reptiles. Fue demasiado rápida y extensa como para poder ser catalogada como extinción de fondo. Algunas especies en particular desaparecieron sin ser reemplazadas y sus espacios ecológicos quedaron sin ocupar (Martin y Wright, 1967; Martin y Klein, 1984).

En determinados continentes, esta extinción tuvo lugar en tiempos diferentes. Fue muy limitada en Africa, donde los grandes mamíferos aún son mucho más numerosos y diversificados que en otros continentes. En el límite entre el Pleistoceno superior y el inferior, se hace evidente un empobrecimiento de la fauna, cuando desaparecen varias especies de elefantes dejando sólo un superviviente: el elefante africano. Todos los camellos, la mayoría de los cerdos, los monos y algunos de los antílopes más grandes desaparecieron en este momento, dejando sólo los representantes más pequeños de determinados grupos. En este momento, en Africa tuvieron lugar varios cambios climáticos que indujeron un desplazamiento de los límites del Sahara y una fragmentación de los bosques ecuatoriales, pero a una escala que no se puede comparar de ningún modo con las catástrofes glaciales en los continentes más hacia el norte. Hay que subrayar que, durante todo el Cuaternario, el continente africano fue testigo de varios estadios de la evolución del hombre. Las poblaciones humanas vivían allá junto con los diversos animales de los que se alimentaban (Klein, 1984).

Se sabe poco sobre la extinción de los animales en las partes cálidas de Asia, aunque es seguro que no fue catastrófica. La fauna del Terciario superior sobrevivió allí más que en ninguna otra parte.

En Europa, como en las partes frías y templadas de Asia, la extinción de grandes animales en el Pleistoceno superior es evidente, pero no aparece como una abrupta catástrofe en sí misma. Sólo un número limitado de animales grandes se extinguió totalmente en esta región. Uno de ellos fue el oso de las cavernas, *Ursus spelaeus*, más grande que el oso pardo, pero enteramente vegetariano. Sus restos se han encontrado principalmente en cuevas, donde se cobijaba durante el invierno para dormir. Los restos más tardíos del oso de las cavernas, un animal siempre limitado a Europa, datan de hace 18 000 años. Esto significa que desapareció al principio de la parte más fría de la última glaciación. Otros dos representantes de la megafauna extinguida de la edad del hielo, el rinoceronte lanudo y el mamut, siguieron el retroceso de la estepa-tundra pleistocénica. En Europa se han detectado restos de mamuts de menos de 12 000 años de antigüedad; en Siberia estos animales sobrevivieron hasta hace 10 000 años, y algunos datos recientes de las islas del océano Artico al norte de Siberia sugieren que los mamuts sobrevivieron allí hasta hace 7000 años. El proceso de su extinción fue, pues, largo. Tal y como ya se ha mencionado, en el Pleistoceno varios elementos de la fauna de la estepa-tundra desaparecieron de extensas partes de su área de distribución, pero sobrevivieron en otros sitios: el norte de Asia (reno), América ártica (buey almizclado), en la franja esteparia del Asia central (caballo, saiga) y, finalmente, en las partes más cálidas del viejo mundo, como fue el caso de muchos grandes carnívoros (pantera, león, hiena) (Kowalski, 1967).

En el Pleistoceno inferior, el hombre apareció en Eurasia. La población humana se hizo cada vez más numerosa, y el desarrollo de métodos de caza más eficientes hizo posible la conquista de zonas de clima frío, donde en invierno sólo las grandes presas podían proporcionar suficiente alimento. Muchos yacimientos correspondientes a lugares de matanza presentan abundantes restos de grandes mamíferos, incluyendo aquellos que luego se extinguirían, como el mamut y el rinoceronte. Determinados grupos de cazadores de la edad de piedra se especializaron en distintas presas. Los animales no sólo proporcionaban comida, sino también pieles y pellejos para arroparse, huesos para construir cabañas y dientes para hacer herramientas.

La extinción de los grandes animales del Cuaternario es más sorprendente en Norteamérica. Durante el periodo de máximo desarrollo de la última glaciación, la confluencia del casquete de hielo del este del Canadá con el de las Montañas Rocosas, aisló Alaska (sin hielo y conectada con Asia por el este) de las áreas situadas más al sur de los inlandsis.* Allí, al sur de un estrecho cinturón de tundra, dominaba el ambiente de bosques y bosques-estepa. En el Pleistoceno superior fue habitado por una fauna de grandes mamíferos muy variada, enriquecida con especies originadas tanto en Sudamérica como en Asia (Agenbrood y Mead, 1990).

El último periodo de la historia de la fauna de Norteamérica en el Pleistoceno se denomina el Rancholabreense, nombre tomado de la famosa localidad de Rancho La Brea, en Los Angeles. Allí, extensos lagos de brea actuaron durante mucho tiempo como trampas para los animales terrestres. La fauna preservada en los fosos de alquitrán de Rancho La Brea contiene mamuts (*Mammuthus columbii*), mastodontes (*Mammut americanus*), grandes desdentados** (*Megalonyx, Glossotherium*) y varias especies de perisodáctilos y artiodáctilos. En cuanto a número de individuos, dominaban los carnívoros, que atraídos por la visión de los ungulados atrapados también quedaban atrapados a su vez por el asfalto. Los felinos con dientes de sable *Smilodon floridanus* y los lobos extinguidos *Canis dirus* eran particularmente abundantes. Una asociación similar de grandes animales, aunque levemente diversificada según las distintas condiciones climáticas, habitó Norteamérica hasta hace 13 000 años (Kurten y Anderson, 1980).

---

* Nombre genérico que reciben en geomorfología las grandes acumulaciones de hielo en forma de lente biconvexa, con grosores de incluso varios miles de kilómetros y extensiones de hasta varios millones de kilómetros cuadrados de superficie. Actualmente existen los de Groenlandia y la Antártida. *(N. del T.)*

** Desdentados: orden de mamíferos del Nuevo Mundo (armadillo, perezoso, oso hormiguero...) caracterizados por la reducción de la dentición. *(N. del T.)*

Por aquel entonces, la fusión de los glaciares abrió un corredor desprovisto de hielo que conectó Alaska con el resto del continente americano (Burns, 1990). Se abrió así el camino a la migración de los animales y a los primeros paleoamerindios con su cultura de la edad de piedra, conocida por los arqueólogos como cultura Clovis. Finalmente, una desglaciación más extensa causó la desaparición total del inlandsis. El final del Pleistoceno fue el momento de la extinción en masa de la fauna norteamericana. En un corto periodo, hace entre 11 000 y 10 000 años, unos 30 géneros de animales grandes se desvanecieron casi simultáneamente: mastodontes, mamuts, tapires, caballos, varios artiodáctilos (por ejemplo, los camellos), casi todos los desdentados y los roedores más grandes. Les siguieron muchas especies de carnívoros (incluidos los leones y los felinos con dientes de sable), las aves de presa más grandes y las especies de tortugas terrestres de mayores dimensiones.

Este fue también el momento en el que los paleoamerindios se expandieron por toda América: en los yacimientos arqueológicos más antiguos de este periodo hay huesos de presas tales como mamuts y varias otras especies extinguidas de mamíferos. Los yacimientos de lugares de matanza de un tiempo ligeramente más tardío sólo contienen huesos de animales aún existentes, sobre todo bisontes, que fueron la principal presa de los indios de las grandes llanuras hasta la colonización europea.

El registro fósil de la fauna pleistocénica sudamericana es mucho más limitado. En este continente, los últimos representantes de la fauna endémica, aunque ya diezmada desde el desarrollo de la conexión entre las dos Américas hace tres millones de años, desaparecieron al final de la edad del hielo. La extinción también fue el destino de muchos animales procedentes del norte que invadieron Sudamérica después de la formación del puente de tierra de Panamá en el Plioceno. En este continente también hay yacimientos prehistóricos de lugares de matanza con restos de animales extinguidos que eran presa del hombre (Webb, 1984).

El más pequeño de los continentes, Australia, estuvo aislado del resto de masas terrestres desde principios del Terciario, lo que llevó al desarrollo de una particular fauna endémica de monotremas y marsupiales. En el Terciario superior, pequeños roedores y murciélagos procedentes de Asia empezaron su radiación en Australia, donde llegaron atravesando estrechos marinos. La evolución de los marsupiales culminó en el Pleistoceno con el desarrollo de varias especies gigantes, mucho más grandes que los representantes actuales de este grupo (Murray, 1984).

Hace unos 40 000 años, los humanos llegaron a Australia a través de Asia. Poco después, las especies más grandes de la fauna nativa se extinguieron. Durante esta parte del Pleistoceno, Australia sufrió un enfriamiento del clima y también cambios importantes de aridez: la actual distribución insular de muchas plantas mésicas* y especies animales indica una distribución anterior más generalizada.

La historia de los abruptos cambios radicales en las poblaciones animales de las islas es extremadamente variada. Basta mencionar que en algunas de ellas (por ejemplo, Madagascar) existieron unas pocas especies de grandes mamíferos, y en otras más distantes de los continentes (por ejemplo, en Nueva Zelanda) los animales más grandes eran aves gigantes. En todas ellas la llegada del hombre, por lo general muy reciente, provocó un rápido empobrecimiento de la fauna, principalmente debido a la extinción de grandes especies (Cassels, 1984).

Factores responsables de la extinción

La falta de sincronismo en las extinciones de determinados continentes e islas permite descartar una catástrofe global como causa de este episodio de extinción. Desde el principio del debate sobre las extinciones cuaternarias han prevalecido dos puntos de vista sobre la principal causa que las motivó: una se basa en los cambios del clima y la otra en la actividad humana.

---

* Plantas que pertenecen, o se han adaptado, a un ambiente que posee un aporte equilibrado de humedad. *(N. del T.)*

El científico americano P.S. Martin es el defensor más consecuente de que un exceso de caza fue la principal causa de las extinciones del Cuaternario. Parece como si la extinción hubiera seguido a la aparición del hombre. En Africa, el continente que lleva más tiempo habitado por el hombre, la extinción empezó muy pronto, en el Pleistoceno medio. Después, en el Pleistoceno superior, desaparecieron varios animales grandes de Eurasia. Más convincente es el caso de Norteamérica: durante el milenio posterior a la llegada de los paleoamerindios, la mayoría de los animales potencialmente interesantes para la caza desapareció (el destino de los carnívoros y las aves rapaces puede ser un ejemplo de coextinción). Finalmente, en las islas, donde el hombre llegó en el Holoceno tardío, la extinción de mamíferos locales y aves es, evidentemente, el resultado de la persecución directa o de los cambios ambientales producidos por la población humana (Diamond, 1991).

La hipótesis del exceso de caza tiene, de todos modos, muchos puntos débiles. Con algunas pequeñas excepciones (por ejemplo en Nueva Zelanda, donde los huesos de la extinguida moa son muy abundantes), los yacimientos de lugares de matanza con animales extinguidos son muy escasos. Estos yacimientos son más frecuentes en Eurasia, pero están datados principalmente en periodos más antiguos, antes de que la extinción de determinadas especies comenzara. No existe ninguna evidencia de que el hombre cazara el extinguido oso de las cavernas. Además, las poblaciones paleolíticas de Europa y Asia cazaron varias especies que han sobrevivido.

En Norteamérica, donde los mamuts desaparecieron alrededor de un milenio después de la llegada de los paleoamerindios, sólo hay una docena de yacimientos de lugares de matanza con huesos de mamut. La mayoría de los animales americanos extinguidos nunca se han encontrado entre los restos de animales cazados por el hombre. Por el contrario, los bisontes, que sí han sobrevivido hasta hoy en día, fueron su principal presa.

Se sabe que el hombre primitivo, como todos los depredadores, tenía que mantener un equilibrio con su presa.

Cuando una presa es escasa, la energía utilizada para perseguirla y matarla supera la ganancia energética de la carne que se obtiene de ella y la caza no puede continuar: los grupos humanos tienen que adaptarse a otra presa o migrar. En Nueva Guinea, habitada desde hace por lo menos 30 000 años, la densidad de población de las tribus primitivas de cazadores-recolectores permanece muy baja y no parece contribuir a la extinción de sus presas. También es característico de Eurasia, y especialmente de Africa, el hecho de que durante miles de años el hombre coexistiera con enormes rebaños de grandes presas. Regiones como las montañas, los desiertos o los pantanos protegieron, y aún protegen, a grandes presas a pesar de la caza ilimitada por parte del hombre con armas mucho más eficientes que las de los hombres del paleolítico.

En las islas recientemente pobladas por los humanos, la situación era bastante diferente. Los animales endémicos no tenían miedo al hombre, puesto que no había depredadores naturales. Los inmigrantes introdujeron la agricultura y poseían animales domésticos: podían continuar cazando hasta el último individuo de sus presas sin el riesgo de pasar hambre: la densidad de población humana ya no estuvo nunca más limitada por su presa.

El segundo paradigma, muy extendido, sobre las extinciones del Cuaternario, atribuye principalmente a los cambios climáticos la causa de la extinción. Esta opinión está muy extendida en el caso de Eurasia. La extinción de la megafauna fue pareja a la desaparición de su biotopo, la estepa-tundra. Sólo desaparecieron totalmente unas pocas especies, mientras que la mayoría sobrevivieron en sus nuevos ambientes. Algunos de éstos (por ejemplo, la sabana) estaban incluso más densamente poblados por los humanos que el norte de Eurasia en ese momento, pero proporcionaban un ambiente natural menos alterado. En Africa y Australia también hubo importantes cambios climáticos en el momento de la extinción, por regla general relacionados con un aumento de la aridez.

La situación en Norteamérica es la más controvertida. En este continente se produjeron abruptos cambios climáticos al principio del Holoceno. Las pequeñas especies de mamíferos raramente se extinguen, pero la distribución de la mayoría de ellas cambió de manera muy marcada y sus asociaciones en el Holoceno son muy distintas de las del Pleistoceno. Sin embargo, la topografía del continente americano, con las principales cordilleras montañosas orientadas de norte a sur, facilitó las migraciones de grandes mamíferos como reacción a las adversidades climáticas.

Los detractores de la hipótesis climática tienen buenos argumentos en contra de este escenario. Los mamíferos, como animales homeotérmicos que son, y particularmente sus representantes más grandes, no dependen mucho de la temperatura: su distribución durante las fases frías del Cuaternario lo ilustra muy bien. En el caso de un exceso de caza, el mecanismo que está detrás de la extinción está muy claro; en la hipótesis climática, permanece oscuro.

También es interesante mencionar que la extinción de la megafauna de Norteamérica se ha explicado a veces por complicadas cadenas de interacciones ecológicas. Es posible, por ejemplo, que nuevos parásitos o enfermedades llegaran a América en este momento con los nuevos mamíferos procedentes de Asia, o con el hombre. También el exterminio de una especie, como por ejemplo el mamut, podría haber cambiado la vegetación tan a fondo que los otros ungulados no pudiesen sobrevivir (Owen-Smith, 1987). La caza de bisontes, la principal presa del hombre desde su llegada a América, según otra hipótesis, diezmó tanto la población de animales que los carnívoros, por falta de su principal presa, depredaron sobre otras especies y aniquilaron sus poblaciones. El problema es que estas hipótesis no se pueden ni demostrar ni refutar.

Hay dos puntos de vista sobre la extinción del Cuaternario que no han cambiado en los últimos cien años a pesar de la enorme cantidad de nuevos datos. Los mismos hechos son esgrimidos por las dos formas de pensar para depurar sus posturas sin cambiar su idea central según la cual el exceso de caza humana o el cambio climático son la explicación a la extinción de la megafauna durante el Cuaternario.

Conclusiones finales

Quizá la principal controversia concerniente a las extinciones del Cuaternario no exista. El progreso de las investigaciones ecológicas, particularmente en el estudio de extinciones recientes responsables de la disminución de la biodiversidad, abre nuevas perspectivas al viejo dilema.

El punto de partida del debate era que las extinciones del Cuaternario afectaban solamente a los grandes animales. ¿Qué factor, además de la caza, podía eliminar las especies grandes sin afectar las pequeñas? El registro fósil de por lo menos un grupo de animales terrestres, los pequeños mamíferos, es suficientemente bueno como para ser comparado con la megafauna. En contra de lo previsto, resulta evidente que la extinción local es similar en las especies de mamíferos pequeños y en las grandes. En Polonia, en el límite Pleistoceno-Holoceno, de 27 especies de insectívoros, lagomorfos y roedores, 9 desaparecieron, y de 21 ungulados y carnívoros presentes durante la última glaciación, 12 no se encuentran en el posglacial. Es cierto que casi todos los pequeños mamíferos extinguidos en Polonia sobrevivieron hasta la actualidad en alguna otra parte, y 5 de los grandes se extinguieron totalmente, pero esto es comprensible porque los pequeños mamíferos pueden sobrevivir incluso en biotopos relictos limitados. Habría que remarcar, de todos modos, que los cambios climáticos afectan muy intensamente a todas las especies de mamíferos, cualquiera que sea su talla.

Se observa que la probabilidad de desaparición decrece con el tamaño de la población: esto es intuitivamente razonable y sigue los modelos de probabilidad de las tasas de nacimiento y muerte (MacArthur y Wilson, 1967). Todas las observaciones ecológicas sobre fluctuaciones de corto periodo en los continentes y los estudios de extinciones en las islas apoyan tal observación. Los grandes animales son menos abundantes que los pequeños, por lo tanto están más amenazados por una extinción total cualesquiera que sean sus causas. En general, la extinción del Pleistoceno, así como cualquier otra extinción causada por el clima o por voluntad del hombre, afecta primero a las especies más grandes que, consecuentemente, son menos numerosas. No hay necesidad de buscar ninguna explicación especial al hecho de que todas las extinciones cuaternarias empezaran con el declive de las especies grandes.

Estudios ecológicos en extinciones recientes también apuntan a factores biológicos como los responsables directos del desvanecimiento local o total de poblaciones animales homeotérmicas. Estos factores biológicos, incluso siendo inducidos por cambios en el clima, son diferentes para cada especie y a veces son difíciles de explicar. Un año de condiciones meteorológicas inusuales, por ejemplo en Europa, provoca incluso cambios en la composición local de la fauna de pájaros nidificantes (Diamond, 1984). En un continente tales cambios locales son de corta duración y la extinción local de especies de pequeños animales puede ser pronto reemplazada por una inmigración procedente de otras zonas. Es fácil imaginarse que cambios similares puedan ser desastrosos para una especie limitada a una isla o para una especie continental con una población limitada. Por lo tanto, la causa de la extinción puede ser climática, pero el mecanismo es biológico (incluyendo la influencia del hombre primitivo).

Por tanto es indiscutible que los rápidos y acusados cambios climáticos que tuvieran lugar durante el Cuaternario fueron responsables de numerosas extinciones. También es evidente que las especies grandes, con poblaciones menos numerosas, fueron las primeras en extinguirse. Nunca encontraremos un único factor responsable de la extinción de todas las biotas: aparte de la influencia directa del clima, hay varios factores conectados con las fluctuaciones en el equilibrio de las biocenosis, tales como la competencia, la predación (incluyendo las actividades de caza del hombre), la propagación de enfermedades, etcétera.

La gran ola de extinciones del Pleistoceno terminal puede tener otras razones climáticas. Ahora nos damos cuenta de que el cambio de temperatura del final de la última glaciación fue extremadamente rápido: quizá fue más rápido que el del final de otras fases frías del Pleistoceno. Un cambio tan rápido del clima (en Groenlandia, hace 10 720 años la temperatura subió

7 grados centígrados en 50 años; Daansgard y otros, 1989) tiene consecuencias catastróficas. Las zonas climáticas de vegetación no pueden desplazarse rápidamente: la lenta propagación de muchas plantas, particularmente de los árboles, es la razón de su importante «retraso migratorio». Otros elementos de la biocenosis podían migrar más rápidamente. Basta con que nos imaginemos lo mucho que han cambiado los ecosistemas de las zonas templadas y frías y lo muy inestable que se volvió el ambiente biótico durante varios centenares de años. Ello pudo ser motivo suficiente para provocar diversas extinciones, con especial incidencia en la macrofauna.

La desaparición de los grandes animales, en su mayor parte mamíferos de la Norteamérica del final del Pleistoceno, es particularmente llamativa. Como en los demás lugares, parece que esta extinción pudo deberse a los cambios rápidos de temperatura y al periodo de desequilibrio provocado por el retraso migratorio de varias biotas. De todos modos, en Norteamérica, donde hubo la mayor glaciación continental, los principales ecosistemas se reorganizaron, ya que cada elemento se adaptó individualmente a su nuevo papel en las recién estrenadas condiciones. Esta revolución biológica, que duró los primeros centenares de años del posglacial, afectó principalmente a las especies de gran tamaño, que generalmente son especies con pocos individuos en comparación con las poblaciones de animales pequeños. En resumen, podemos establecer que el proceso de extinción del Cuaternario fue distinto a los anteriores episodios de extinción, porque afectó exclusivamente a los animales terrestres. La principal causa de las extinciones hasta el principio del Holoceno fue el clima. Indirectamente, sus efectos se dejaron sentir sobre todo entre los organismos homeotérmicos, al introducir cambios en sus entornos bióticos. La extinción alcanzó primero a los animales grandes porque sus poblaciones eran pequeñas. Así pues, la controversia en torno al dilema entre el exceso de caza y el clima no existe.

El proceso de extinción fue insignificante durante la mayor parte del Holoceno, pero la biodiversidad mundial aún continúa disminuyendo. Hoy en día, la principal causa de ello es la actividad humana. Los mecanismos de extinción, en este momento, son muy variados y van desde la matanza directa hasta los cambios climáticos inducidos por el hombre.

Referencias

Agenbroad L.D., J.I. Mead y L.W. Nelson, eds., 1990, *Megafauna and man. Discovery of America's Heartland,* The Mammoth Site of Hot Springs, Hot Springs, South Dakota Inc.

Burns, J.A., 1990, «Paleontological perspectives on the ice-free corridor», en Agenbroad, L.D., J.I. Mead y L.W. Nelson, eds., *Megafauna and Man,* págs. 61-66.

Cassels, R., 1984, «The role of prehistoric man in the faunal extinctions of New Zealand and other Pacific islands», en Martin, P.S. y R.G. Klein, eds., *Quaternary extinctions,* págs. 741-767.

Dansgaard, W., J.W.C. White y S.J. Johnsen, 1989, «The abrupt termination of the Younger Dryas climate event», *Nature,* 339, págs. 532-534.

Diamond, J.M., 1984, «Historic extinctions: a Rosetta Stone for understanding prehistoric extinction», en Martin, P.S., y R.G. Klein, eds., *Quaternary Extinctions,* págs. 824-862.

Diamond, J.M., 1991, «Twilight of Hawaiian birds», *Nature,* 353, págs. 505-506.

Ehrlich, P.R., y E.O. Wilson, 1991, «Biodiversity studies: science and policy», *Science,* 253, págs. 758-762.

Gould, S.J., 1974, «The origin and function of "bizarre" structures: antler size and skull size in the "Irish elk" Megaloceros giganteus», *Evolution,* 28, págs. 191-220.

Grayson, D.K., 1984, «Nineteenth-century explanations of Pleistocene extinctions: a review and analysis», en P.S. Martin y R.G. Klein, eds., *Quaternary Extinctions,* págs. 5-39.

Guthrie, R.D., 1990, *Frozen fauna of the Mammoth Steppe. The story of the Blue Babe,* University of Chicago Press, Chicago.

Hoffman, A., 1989, «Mass extinctions: The view of a sceptic», *Journal of Geological Society of London,* 146, págs. 21-35.

Jablonski, D., 1991, «Extinctions: A paleontological perpective», *Science,* 253, págs. 754-757.

Kahlke, H.D., 1981, *Das Eiszeitalter,* Urania, Leipzig.

Klein, R.G., 1984, «Mammalian extinctions an Stone Age peoples in

Africa», en P.S. Martin y R.G. Klein, eds., *Quaternary Extinctions,* págs. 553-573.

Kowalski, K., 1967, «The Pleistocene extinction of mammals in Europe», en P.S. Martin y W.E. Wright, Jr., eds., *Pleistocene Extinctions,* págs. 349-364.

Kurten, B., 1958, «Life and death of the Pleistocene cave bear», *Acta Zool. Fennica,* 95, págs. 1-59.

Kurten, B. y E. Anderson, 1980, *Pleistocene Mammals of North America,* Columbia University Press, Nueva York.

MacArtur, R.H. y E.O. Wilson, 1967, *The Theory of Island Biogeography,* Princeton University Press, Princeton.

Martin, P.S. y R.G. Klein, eds., 1984, *Quaternary Extinctions. A prehistoric Revolution,* University of Arizona Press, Tucson.

Martin, P.S. y H.E. Wrigth, Jr., 1967, *Pleistocene Extinctions. The search for a cause,* Yale University Press, New Haven y Londres.

Murray, P., 1984, «Extinctions downunder: a bestiary of extinct Australian Late Pleistocene monotremes and marsupials» en P.S. Martin y R.G. Klein, eds., *Quaternary Extinctions,* págs. 600-628.

Owen-Smith, N., 1987, «Pleistocene Extinctions: the pivotal role of megaherbivores», 13, págs. 351-362.

Stuart, A.J., 1991, «Mammalian extinctions in the Late Pleistocene of Northern Eurasia and North America», *Biol. Rev.,* 66, págs. 453-562.

Coloquio

Jordi Agustí: Algunas de las grandes extinciones de la historia de la Tierra han sido también atribuidas a glaciaciones y, en general, a fases de enfriamiento climático. Sin embargo, la mayor parte de extinciones del Pleistoceno superior se produjeron precisamente cuando la biosfera entró de nuevo en una fase de tipo templado. ¿Cómo explica esta paradoja?

Kazimierz Kowalski: El enfriamiento y el calentamiento global tienen efectos muy similares por lo que respecta a la extinción. Ambos procesos, que son completamente diferentes, son los responsables de las mayores crisis de extinción. Creo que ésta es una de las principales razones por la que los ecosistemas de determinadas áreas (bosque, tundra, etcétera) sufrieron una reorganización total al final del Pleistoceno. En Groenlandia, por ejemplo, la temperatura subió cerca de 7 °C en tan sólo 50 años. Las medias de temperatura que actualmente encontramos en Norteamérica se encontraban 700 km al sur. Pero los bosques no se pudieron mover tan rápidamente, hubo un retraso migratorio. En consecuencia, no hubo una migración regular, sino una reorganización particular de cada zona. Cada especie entonces trató de explotar las nuevas posibilidades. Fue un corto periodo de tiempo durante el cual el anterior equilibrio ecológico resultó profundamente afectado. Estos intervalos de inestabilidad temporal son extremadamente peligrosos para muchas especies. Podemos pensar que después de cada episodio catastrófico se atraviesa una fase de alto riesgo en que las probabilidades de extinción son muy altas, ya que se han roto las relaciones causales existentes anteriormente. Muy probablemente, después de cada extinción o un impacto, se suceden periodos de intensa reorganización, con diversas radiaciones de nuevas especies. Estas fases de inestabilidad explican por qué es posible que los fenómenos de extinción continúen aún después de una catástrofe.

Andrew Coen: La extinción del Pleistoceno superior parece algo diferente a las otras extinciones en masa, en lo que se refiere a su extensión geográfica y ambiental. Seguramente habrá otras pequeñas interrupciones momentáneas en la curva de extinciones y me pregunto si existirá una especie de jerarquía en los niveles de extinción. A lo largo de toda la reunión hemos oído hablar de extinción de fondo y extinciones en masa. Ahora bien ¿existe algún nivel intermedio de extinción?

Kazimierz Kowalski: Si por una parte podemos afirmar que extinción de fondo y extinción en masa son fenómenos claramente distintos, también es cierto que hubo casos intermedios. No podemos comparar las grandes extinciones, como las del final del Pérmico o del Cretácico, con los periodos de relativa calma, en los que se producen extinciones debidas a causas menores no relacionadas, por ejemplo, con los impactos. Probablemente se dé una especie de gradación, más que una dualidad extrema entre los dos tipos de extinción. La extinción del Cuaternario es un buen ejemplo de algo que no es extinción de fondo pero que tampoco llega a ser una extinción en masa.

David Jablonski: Los episodios pequeños son difíciles de identificar porque las facies, los tipos de rocas, cambian continuamente y, además, las faunas también migran continuamente como respuesta a estos episodios. Muchas veces es difícil de valorar lo que Kauffman llama extinción estratigráfica, generada por los cambios en el tipo de roca a lo largo de la sección, y que da lugar a la desaparición de un organismo a lo largo de todo un intervalo de tiempo. Esto no ocurre en las extinciones que afectan a una gran extensión geográfica y a una amplia variedad de organismos. Es fácil especular e incluso hay evidencias dispersas de que por encima de determinados umbrales, y si exceptuamos las perturbaciones a gran escala, se producen diferentes niveles de extinción. Existe un amplio número de pequeñas extinciones, como el declive de los moluscos tropicales en el Atlántico occidental y en el Mediterráneo durante el Neógeno superior, que pueden ser analizadas más detalladamente. En estos casos, algunas de las pautas que previenen la extinción durante los intervalos normales, se mantienen durante la crisis. Aunque hay un cierto número de especies que desaparecen, factores como una alta diversidad específica y una amplia distribución geográfica a nivel de especie permiten asegurar la supervivencia a nivel genérico. Por tanto, estos umbrales que he mencionado deben existir: algunos episodios nunca darán lugar a un régimen de extinción en masa. Otros episodios intermedios producirán la extinción en masa de algunos elementos y no de otros. Hay ejemplos de ello entre los amonoideos, que a veces se han visto afectados como si se tratase de una fase de extinción en masa, mientras que los bivalvos siguen prosperando sin ninguna perturbación importante. Cada vez más las extinciones en masa se nos revelan como procesos complejos. Esta clasificación binaria tan simple que hasta ahora hemos utilizado está basada en la atención preferente que despiertan los grandes episodios de extinción en contraste con las fases de calma relativa. A medida que los huecos entre ambos vayan siendo ocupados empezaremos a comprender el funcionamiento de todo el sistema.

Michael Benton: Yo también estoy de acuerdo en que es muy importante precisar la escala de un episodio de extinción. Por ejemplo, a nivel geográfico esta escala puede variar mucho. Así, alguno de los 12 grandes episodios de extinción llegan a tener una escala global, como en el caso de la extinción del límite Cretácico-Terciario. En otros casos, como en el de las extinciones del Jurásico, la escala parece ser más local. Existe también una amplia escala a nivel taxonómico. Con ello quiero decir que algunas extinciones (como las del Pérmico-Triásico o las del Cretácico-Terciario) afectan a todo tipo de organismos, desde protozoos y plantas hasta animales marinos y terrestres, mientras que otros sólo afectan a determinados tipos de organismos particulares. Tal sería, por ejemplo, el caso que ha expuesto el profesor Kowalski de los mamíferos del Pleistoceno, si lo aceptamos como una extinción en masa. Finalmente, cabe contemplar la posibilidad de que estemos tratando con escalas temporales muy variables. Para los geólogos no constituye desde luego una sorpresa, pero para el resto de la gente hay que dejar muy claro que la escala temporal de un episodio de extinción es una de las cosas más difíciles de precisar. No hay razones especiales para asumir que un episodio de extinción ha tenido lugar en un día o a lo largo de millones de años. Algunos pueden haberse producido en un día y otros a lo largo de 10 millones de años.

Segundo debate general

Jorge Wagensberg: Para un físico como yo, la impresión global que he sacado después de todas estas intervenciones es que los datos son muy claros y la interpretación muy confusa. Me refiero, en particular, a esa serie de 12 o 13 episodios principales y a las numerosas interpretaciones que se han propuesto. ¿Qué se puede decir de los factores que tienen en común todas las extinciones, si es que han tenido algo en común?

Ramón Margalef: Probablemente, la única característica en común sea que el cambio ambiental fue más rápido que la capacidad de cambio biológico. Mantengo mis opiniones previas según las cuales es muy difícil pronunciarse sobre la secuencialidad de las perturbaciones. Parece obvio que el efecto de cualquier gran perturbación será más fácil de observar en los océanos que en los continentes, debido probablemente a que el registro terrestre es como una pizarra, en tanto que el registro del fondo de los mares consiste en una acumulación de materiales. En cualquier caso, habría que comenzar con un modelo de extinción de fondo: la relación inversa entre la frecuencia y la intensidad de las perturbaciones. Estas perturbaciones incluyen muchas cosas, entre ellas los meteoritos, pero sigo sin creer que el gran impacto de un solo meteorito sea la clave del modelo. Mi impresión es que el modelo es algo más complicado que esto.

Erle G. Kauffman: Creo que lo que todas tienen en común es su complejidad. Las extinciones en masa son, probablemente, multicausales; no se deben a una única causa, sino que están relacionadas con perturbaciones atmosféricas y oceánicas a gran escala que funcionan como bucles retroactivos positivos o negativos. Ningún episodio de extinción es igual a otro, pero sí que tienen algunas características en común, como las siguientes:

1. Todas tienen una duración temporal aproximada, es decir, acostumbran a durar entre uno y dos millones de años.

2. Por tanto, se trata de procesos que se prolongan en el tiempo, es decir, que las especies no se extinguen todas simultáneamente. El episodio catastrófico existe pero acostumbra a afectar primero a los organismos más sensibles, tales como aquellos que habitan los ecosistemas tropicales.

3. A nivel del registro geoquímico, todas las extinciones que han sido bien estudiadas van asociadas a perturbaciones atmosféricas y oceánicas.

4. Finalmente, hay que señalar que, de alguna manera, la vida se las ha arreglado siempre para superar estas extinciones en masa ya que, de lo contrario, no estaríamos aquí.

Jorge Wagensberg: Sólo un pequeño comentario como observador. Me inquieta la cuestión de que estas extinciones, en cierto modo, aparecen como una necesidad de la evolución biológica. Si tenemos en cuenta, por ejemplo, el hecho de que la diversidad media de la biosfera se ha ido incrementando, ello llevaría a pensar que hay una inteligencia escondida detrás de todo ello *(desaprobación general).*

David Jablonski: Creo que una de las cosas que se desprenden de este coloquio es que las extinciones son muy importantes para el buen funcionamiento y composición a largo plazo de la biosfera. No se trata de simples perturbaciones tras las cuales el sistema retorna a su equilibrio anterior y prosigue con la adquisición de innovaciones evolutivas. Pero al mismo tiempo hay que recordar que las extinciones en masa no son el único proceso biológico que opera en el planeta. Las extinciones en masa no han creado un ojo, o un ala, no han trasformado las aletas en patas, ni situaron a un animal en tierra firme. De alguna manera, adaptación y selección natural han funcionado a un nivel distinto al de las extinciones en masa. En todo caso, el papel de la extinción en masa ha sido el de determinar cuáles son las especies o los grupos con ojos, cuáles las que han desarrollado alas o qué grupos presentan hoy cuatro patas. Estas especies fueron las que aprovecharon los vacíos ecológicos dejados por los organismos anteriores y tuvieron la oportunidad de fijar estas importantes innovaciones en los intervalos inmediatamente posteriores a cada extinción en masa.

Jordi Agustí: Lo que parece claro es que, cuando se trabaja con cualquier tipo de extinción (no sólo las extinciones en masa), se sigue siempre un modelo simple que consta de dos fases bien diferenciadas: una primera fase contingente e impredecible y una segunda fase determinista y relativamente predecible. Durante los episodios más catastróficos, tenemos un predominio de los procesos contingentes e impredecibles. Sólo tenemos procesos predecibles y deterministas después de los episodios de extinción. Por ejemplo, la recuperación de los ecosistemas es hasta cierto punto predecible, pero el episodio de extinción en sí mismo no lo es, es un producto del azar. Por un lado tenemos historia (es decir, contingencia) y por el otro tenemos adaptación (es decir, autoorganización). Este modelo parece aplicarse a cualquier episodio de extinción de una cierta entidad con respecto a la extinción de fondo.

Michael Benton: Quisiera mencionar dos cosas. Determinados modelos de algunos expertos en extinciones proponen los impactos meteoríticos como la causa común de todas las extinciones. En mi opinión, y en la de la mayoría de paleontólogos, parece que existe una buena correlación entre determinados cambios biológicos y físicos que se producen en un corto intervalo de tiempo. Pero es muy difícil señalar un único tipo de cambio físico, como es el caso de un impacto, o de cambios en el nivel del mar o en la temperatura, como la única causa de las extinciones en masa. En segundo lugar, como ya ha remarcado Jablonski en su conferencia y Raup ha formulado de una manera tajante, las extinciones en masa no amplifican en absoluto los efectos de la selección darwiniana normal. Los organismos que se extinguen no son los clásicos «perdedores» que se dan en condiciones normales. Esto liga con la imagen popular del dinosaurio estúpido que tenía que extinguirse por ser grande e ineficiente, lo cual no es en absoluto cierto. Prefiero el *leit-motiv* de Raup, según el cual si se extinguieron no fue por tener «malos genes» sino por tener «mala suerte».

David Jablonski: Hay un mensaje claro en el caso de las extinciones y que hasta ahora no se ha mencionado, y es que las recuperaciones son muy largas. Este es un dato importante a tener en cuenta en la actual crisis de biodiversidad. La recuperación después de la extinción lleva mucho tiempo y los organismos que salen como vencedores del recambio inicial y repueblan los espacios vacíos dejados en el planeta no son necesariamente predecibles a partir de todos aquellos que habían prosperado en el periodo anterior a la crisis. Los dinosaurios no desaparecieron necesariamente porque fueran animales grandes, estúpidos e inútiles. Muchos de los otros grupos que desaparecieron con la extinción no parecía que fuesen a extinguirse por ser adaptativamente inferiores. Por lo tanto, las recuperaciones son prolongadas y de acuerdo con este escenario no son directamente predecibles. Hay que elaborar modelos para los fenómenos que se observan antes de una extinción en masa. Creo que podremos comenzar a comprender las repercusiones de estos grandes episodios de extinción cuando hayamos estudiado con más detalle lo que ocurre entre una extinción y la siguiente. A partir de aquí se podrán elaborar modelos sobre las pautas de recuperación después de las extinciones, aunque no tengo ni idea de cómo serán.

Antonio Fontdevila: Quedé impresionado en la conferencia del doctor Kauffman por la cantidad de modelos que se han propuesto para explicar los diferentes modos de recuperación después de las extinciones en masa. En su momento, los genéticos de poblaciones y los biólogos evolutivos en general fueron los más prolíficos a la hora de generar modelos de especiación. Tal vez ustedes podrían sacar conclusiones interesantes analizando alguno de estos modelos de especiación, ya que lo que ustedes constatan es que después de una extinción en masa tiene lugar una especie de explosión evolutiva. Consideremos ahora uno de los modelos de especiación que conocemos desde hace décadas, el llamado «efecto fundador». Este efecto fundador es interesante porque se puede aplicar a distintas situaciones, especialmente en el caso de las islas oceánicas, donde hay erupciones volcánicas que de pronto producen una nueva isla vacía. Esto puede asemejarse a la situación que se encuentra después de un episodio de extinción. Las especies, o algunos colonizadores fundadores, empiezan a llegar y equivaldrían a los supervivientes de una extinción en masa. Pero no todos tienen la misma probabilidad de llegar a ese lugar: algunos llegan, otros no. En definitiva, no podemos saber cuáles llegarán y cuáles no. Pero lo que sí sabemos es que llegan en reducido número. A veces se han descrito casos como las *Drosophila* de Hawaii en que llega una sola hembra. ¿Qué sucede entonces? Tenemos un problema entonces, porque en términos de diversidad genética parece imposible que a partir de aquí se genere una nueva población o una nueva especie. Pero se ha visto que esto es así. No sabemos cómo este fundador solitario se las ha arreglado para producir o retener la suficiente variabilidad genética como para generar una nueva población y, aparentemente, nuevas especies. Me sorprendió su afirmación de que son los generalistas los colonizadores más comunes en situaciones como ésta. En el escenario biogeográfico de nuestras islas o en las teorías de especiación en islas esto no es así. Muchos de estos animales fundadores tienen procesos de especiación muy especializados, si se me permite la expresión. En el ejemplo que conozco de las *Drosophila* de Hawai se han producido fenómenos de especialización muy extraños. Lo mismo ocurre con su comportamiento. Las drosofilas de Hawai han modificado su comportamiento y otros caracteres de una manera muy específica: su relación con la planta huésped es altamente específica y han aumentado de tamaño extraordinariamente (algunas drosofilas llegan a tener el tamaño de una mosca común). No creo por tanto que lo que se vaya a encontrar después de una extinción en masa sea necesariamente una mayoría de generalistas.

Erle G. Kauffman: De hecho, estamos totalmente de acuerdo. Mi comentario fue que hay una impresión general de que los generalistas ecológicos son los principales supervivientes. Esta es la teoría que hemos heredado. Mis modelos no se refieren a procesos de especiación sino a procesos de supervivencia. La cuestión es que en muchos casos el registro fósil nos proporciona evidencias de alguno de estos modelos, que además presentan un alto grado de predictibilidad para la situación actual. Hay una gran cantidad de supervivientes potenciales, muchos de los cuales pueden ser ecológicamente muy sofisticados. De hecho, los efectos de la recuperación de la vida en la Tierra, la tasa a la que se produce el reestablecimiento de los ecosistemas en un periodo de tiempo relativamente corto, depende de algo así como el efecto fundador. En otras palabras, los cambios, migraciones o colonizaciones que se dan después de una extinción tienen lugar en un ecoespacio vacío, en el que las pautas de la selección natural han sido drásticamente alteradas. Algunos supervivientes pueden sobrevivir a partir de poblaciones muy reducidas, que son dispersadas al azar después de la extinción y producen una radiación evolutiva primeriza del tipo del efecto fundador, que puede ser muy rápida y altamente especializada. Estoy de acuerdo con usted.

David Jablonski: Mis datos también sugieren firmemente que los supervivientes de las extinciones en masa no son, simplemente, los más tolerantes de las especies oportunistas. Por ejemplo, los linajes que contienen especies generalistas no soportan mejor una extinción en masa. En esos momentos, los géneros con especies muy especializadas no funcionan necesariamente peor que los géneros con especies generalistas. Los datos que expuse sugieren que los linajes que se encuentran en varios continentes tienen mayores posibilidades de sobrevivir que aquellos que se encuentran restringidos a un solo continente, aunque en ese continente el linaje sea más generalista y cada especie se encuentre en una amplia variedad de ambientes. Asimismo, cuando hablé de efecto fundador, lo hice por analogía, no en sentido literal, ya que para mí existe un tipo de efecto fundador evolutivo a gran escala basado en unos pocos linajes evolutivos que encuentran una gran variedad de oportunidades ecológicas y a partir de ahí se diversifican. Por el contrario, no puedo concebir una situación en la que las poblaciones marinas de invertebrados lleguen a reducirse de tal manera que no puedan superar el cambio debido a su baja diversidad genética. Algunos autores han demostrado que habría que reducir las poblaciones a un número no superior a diez individuos para que se diese un auténtico efecto fundador entre las especies marinas. En el caso de las extinciones en masa creo que se trata de una analogía ecológica a gran escala. Pero no es el mismo tipo de fenómeno que se observa en las drosófilas de Hawai. Se trata de un proceso ecológico a gran escala y no de un efecto fundador que implique un gran número de linajes representados por unos pocos individuos. Estos organismos no se reproducen por encuentros al azar, sino por la fertilización externa de miles de gametos. Si sólo disponemos de diez individuos a lo largo de toda la costa, no hay ninguna posibilidad de supervivencia. La biología de poblaciones tiene mucha importancia en el caso de los mecanismos de especiación en *Drosophila* que se han mencionado. Pero en el caso de las extinciones en masa, creo que tan sólo se trata de una analogía macroevolutiva, es decir, de un tipo de proceso muy distinto.

Antonio Fontdevila: Pero ¿cómo podemos conocer el tamaño de la población de una especie marina, especialmente si sólo tenemos su registro fósil? Y en cuanto al tema del tamaño de la población, creo que deberíamos substituir este concepto por el de tamaño efectivo de la población. Si vamos al campo en agosto y tenemos un millón de insectos, el tamaño efectivo de la población puede ser de menos de 50. Con doce generaciones al año, la población se incrementa a una tasa de cien, desde un individuo hasta un millón en agosto. Pero todos estos individuos son muy parecidos porque han sufrido este gran incremento en una sola estación, lo cual puede darnos una idea falsa del tamaño de la población efectiva. No sé mucho de biología marina, y quizás usted no sabe mucho sobre la ecología de *Drosophila*. Este es el problema al que me refería anteriormente: si usted habla de ecología marina, el profesor Kowalski habla de ecología terrestre y yo hablo de ecología de insectos, debemos ponernos de acuerdo cuando utilizamos determinados conceptos como el de tamaño de la población.

David Jablonski: Estoy de acuerdo.

Jorge Wagensberg: ¿Cuál es su opinión sobre la situación actual del hombre y de la civilización humana respecto a la actual crisis de diversidad? Recientemente he estado en la selva tropical amazónica y he podido palpar el contraste entre la selva y los terrenos dedicados a los pastos para el ganado. Allí, lo único que está prohibido talar son las castañeiras, que son unos grandes árboles que permanecen aislados como fantasmas en el paisaje y que finalmente mueren porque no pueden soportar el viento ni otros factores sin sus vecinos. Es probablemente una premonición del futuro.

Kazimierz Kowalski: El estudio de la selva tropical es extremadamente importante y es el problema número uno de la protección del ambiente, pero no hay que olvidar otro tema de gran trascendencia que es el estudio del gradiente de diversidad de las poblaciones. Entre otras razones porque es la mejor manera para analizar los cambios de biodiversidad, ya que su estudio es relativamente fácil y simple. Incluso en el caso de la extinción multicausal de determinadas especies insulares, existe algún modelo regular de disminución de la diversidad. Este es el caso, por ejemplo, de la extinción de las especies de talla grande, que siempre es mucho más rápida que la de las especies pequeñas. Otro problema es que la principal estrategia para la conservación de la naturaleza, al menos en Europa, es la creación de parques naturales y reservas de superficie muy pequeña. Lo que aquí llamamos parques naturales son, en general, áreas limitadas de naturaleza más o menos intacta. Comenzamos a comprender que estas reservas son insuficientes, demasiado pequeñas, como una especie de isla de vegetación más o menos primitiva, en medio de un océano de ambientes devastados. Tenemos algunas evidencias de que es imposible mantener una biocenosis biológicamente compensada si, por ejemplo, los carnívoros no tienen suficiente espacio. Es el caso de los lobos en Polonia: son animales que pueden recorrer unos cien kilómetros en una noche, mientras que el tamaño del parque natural es de unos diez o veinte kilómetros. Estos parques naturales evidentemente son demasiado pequeños como para proteger los elementos de la biocenosis.

Erle G. Kauffman: Creo que si queremos hablar de la influencia del hombre en el ecosistema y de extinciones en masa, quizá la selva tropical sea el mejor ejemplo, ya que desde hace muchos años ha estado en el punto de mira político y económico. Es también el biotopo donde ha trabajado mayor número de biólogos de poblaciones y ecólogos. Sabemos que las selvas tropicales son los grandes almacenes de diversidad biológica a escala planetaria. Esta diversidad ha sido medida en algunas zonas y sus resultados son extrapolables a otras. Son también un moderador del tiempo atmosférico y del clima. Al mismo tiempo, conocemos cuál ha sido y cuál es en este momento la tasa de destrucción de las selvas tropicales. Cuando se juntan todos estos datos, se puede predecir que el hombre está produciendo una auténtica extinción en masa, puesto que el 50% de la diversidad mundial se concentra en los ecosistemas tropicales y, especialmente, en las selvas tropicales. Estoy de acuerdo que intentar detener este proceso mediante la creación de «zoológicos de árboles» o pequeñas islas de cubierta vegetal no sirve para nada. El ecosistema de la selva tropical se sostiene gracias a la cubierta de árboles que regulan el gradiente térmico, de humedad y de luz, desde la base a la cúspide. Es ahí donde reside la diversidad de ambientes que caracteriza la selva tropical. Y es esta diversidad ambiental la que permite la existencia de una gran diversidad de especies y grupos biológicos. Si eliminamos la cubierta y dejamos el resto, el ecosistema se rompe. Si cortamos las raíces o reducimos la selva a pequeños islotes, la periferia de los bosques se debilita, estos pierden su control climático, con lo cual ya no pueden cumplir su función de reguladores de la estratificación del clima. Este debería ser el primer objetivo para salvar el ecosistema global de futuras destrucciones por parte del hombre.

Ramón Margalef: Probablemente sea fácil integrar lo que ocurre con la diversidad y las principales perturbaciones originadas por el hombre. De hecho, cualquier perspectiva dinámica de la diversidad muestra que cuando es posible incrementar la biomasa pero sin prosperar en la diferenciación genética, la diversidad decae. Pero cuando la biomasa se aproxima a un máximo y la diferenciación genética puede prosperar, la diversidad se incrementa. Ocurre lo mismo con el hombre, que actualmente está acelerando el cambio brusco de la naturaleza que rodea a la humanidad. De hecho, el hombre está eliminando especímenes de especies escasas e incrementa el número de individuos de gatos, ratas, malas hierbas y de la humanidad misma. Creo que la dinámica de la diversidad es bastante consistente en este caso. Diría que la situación es casi desesperada.

David Jablonski: Estoy de acuerdo con lo que ha dicho Kauffman sobre el hecho de que tenemos serios problemas a los que habrá que hacer frente en las próximas décadas y que las selvas tropicales son un ejemplo obvio sobre el que se ha publicado mucho, aunque de ningún modo es el único. Tal como ha comentado el profesor Kowalski, uno de los tipos de información más singularmente destacados y prácticos que el registro fósil proporciona es el comportamiento de las comunidades de plantas y animales terrestres en los momentos en que se produce un cambio climático. Los análisis detallados del polen y del registro de pequeños vertebrados, particularmente en Norteamérica, han demostrado que en los momentos en que se produce un cambio climático importante estas comunidades no se desplazan en bloque como una franja que se moviese hacia el norte o hacia el sur según que las temperaturas fuesen más cálidas o más frías. Por el contrario, lo que ocurre es que cada especie tiene una respuesta biogeográfica propia, individual. Algunos animales se desplazan hacia el norte, otros hacia el sur, otros hacia áreas más secas, otros hacia áreas más húmedas, etcétera. Hoy en día, en Norteamérica —que es lo que conozco mejor— no hay comunidades vivientes que existieran hace 8000 años. Todas las comunidades que tenemos hoy día son nuevas combinaciones de especies. No ha habido desplazamientos conjuntos como una sola franja. Esto tiene importantes implicaciones a la hora de diseñar nuestras reservas naturales. Si cada especie se va a mover en una dirección distinta y en una proporción distinta como respuesta al cambio climático (y no hay duda de que vamos a afrontar un cambio climático en, digamos los próximos 500 años), ello implica que las reservas deben estar diseñadas de una manera especial. Una gran reserva que sólo contenga unos pocos tipos de ambientes, como en el caso de las tierras bajas de la Amazonia, será insuficiente para retener a las especies a largo plazo. Lo que nos dice el registro fósil es que todas las reservas deben estar construidas con la máxima complejidad topográfica posible, o sea, que la variación altitudinal esté también representada, con un nivel de complejidad superior al que se encuentra entre la orilla de un río y la sabana seca. Las especies responderán según sus requerimientos fisiológicos individuales y permanecerán dentro de la reserva. Si no hacemos esto, toda la buena voluntad y todo el dinero invertido en todo el mundo para preservar estas reservas será inútil, ya que no podrán mantener su diversidad biológica. Para mí, ése es el mensaje más destacado y práctico del registro fósil reciente.